Refa-Schriften

Heft 2

Fräsen

1940

rausgeber Reichsausschuß für Arbeitsstudien Berlin NW 7
ıth-Vertrieb GmbH Berlin SW 68

ISBN 978-3-642-47094-3 ISBN 978-3-642-47330-2 (eBook)
DOI 10.1007/978-3-642-47330-2

Vorwort

Die in der Refa-Mappe Spangebende Formung zusammengefaßten Blätter sollten ursprünglich den Teilnehmern der Refalehrgänge lediglich als Gedächtnisstütze dienen, um während des Unterrichts das zeitraubende Nachschreiben und Nachzeichnen der von dem Vortragenden entwickelten Unterlagen zu ersparen. Im Laufe der Jahre stellte sich jedoch heraus, daß auch viele Arbeitskameraden, die keine Gelegenheit hatten, einen Refakurs zu besuchen, die Lehrmittel zum Selbststudium benutzten, und daß auch viele Betriebe ihre Kalkulationsunterlagen an Hand der Angaben der Refablätter überprüften. Um diesen Verhältnissen Rechnung zu tragen, entschloß sich der Refa zu einer Neubearbeitung der Refa-Mappe Spangebende Formung.

Während die Gruppe Fräsen in dieser Mappe nur in gedrängtester Form eine Anzahl Tafeln mit Richtwerten für Rüst-, Haupt- und Nebenzeiten, sowie zur Bestimmung des Arbeitsweges bringt, ist in dem vorliegenden Heft der Stoff auf völlig neuer Grundlage geordnet. Durch ausführlichen Text sind alle Tafeln und Darstellungen erläutert. Immer wieder sind die Gesichtspunkte herausgestellt, die bei der Entwicklung und dem Aufbau von Unterlagen beachtet werden müssen, immer wieder wird auf die Größen und Einflüsse hingewiesen, die bei der Errechnung der richtigen Arbeitszeit zu berücksichtigen sind.

Entsprechend der Entwicklung, die der Werkzeugmaschinenbau genommen hat und voraussichtlich weiter nehmen wird, sind die Leistungsangaben der Maschinen nicht mehr in PS, sondern in kW gemacht worden. Die Werkzeugdrehzahlen und ebenso die Vorschubgeschwindigkeiten sind nach Normdrehzahlreihe — Stufensprung 1,26 — gestuft, die Richtwerte für Vorschubgeschwindigkeiten sind je nach der Oberflächengüte, die erzeugt werden soll, unterschiedlich angegeben. Alle Abschnitte sind ausgiebig durch Beispiele erläutert.

Wie alle Refa-Veröffentlichungen, so ist auch dieses Heft das Ergebnis einer vorbildlichen Gemeinschaftsarbeit. Dem Arbeitsausschuß, dessen Obmann Herr Direktor *E. Rösner*, AEG, ist, gehören an die Herren: Ing. *Brügmann*, Dipl.-Ing. *Frieling*, Dipl.-Ing. *Holling*, Ing. *Keil*, Dipl.-Ing. *Klein*, Dipl.-Ing. *Mayer*, Obering. *Rennecke*, Ing. *Wacke*. Ihnen allen sagt der Refa für ihre selbstlose Mitarbeit seinen Dank. Aber nicht nur ihnen, sondern auch den Firmen: AEG, Loewe-Fabriken, R. Stock & Co., sowie Fritz Werner A.G., in deren Werkstätten und Prüffeldern zahlreiche Zeitaufnahmen gemacht und Zerspanungsversuche durchgeführt wurden, und die durch dieses Entgegenkommen die Arbeiten überhaupt erst ermöglichten, hat der Refa seinen Dank abzustatten.

Reichsausschuß für Arbeitsstudien

Inhaltsverzeichnis

A. Technologische Bemerkungen

I. Fräsvorgang

Das Fräsen, eine spanabhebende Verformung durch umlaufende Schneidwerkzeuge, die Fräser, ist wegen der Art der Spanbildung einer der am schwierigsten zu erforschenden Zerspanungsvorgänge in der Metallbearbeitung.

Beim Drehen oder Hobeln bleibt die einmal eingestellte Spandicke während der Dauer des Schneidvorganges erhalten, beim Fräsen ändert sie sich dagegen fortwährend, da die Fräserzähne, gegen die sich das Werkstück bewegt, kommaförmige Späne abheben (Fräs 1). Infolge-

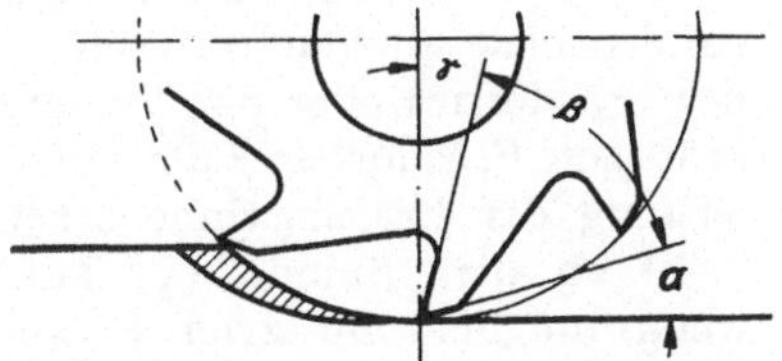

Fräs 1. Spanbildung beim Fräsen
α = Freiwinkel
β = Keilwinkel
γ = Spanwinkel

dessen werden Werkzeug und Maschine besonders stark beansprucht. Die Ungleichförmigkeit der Schnittkräfte läßt sich durch Verwendung spiralverzahnter Fräser erheblich verringern. Günstige Verhältnisse ergeben sich, wenn die Fräsbreite ein Mehrfaches der Zahnteilung (in Achsrichtung gemessen) beträgt. Auch positive Spanwinkel ($\gamma > 0°$) tragen erheblich zur Verringerung der Schnittkräfte bei.

Der Vorschub je Umdrehung verteilt sich beim Fräsen auf mehrere Zähne. Infolgedessen sind Schrupp- und Schlichtspäne wesentlich dünner als Dreh- oder Bohrspäne bei entsprechendem Vorschub.

Der spezifische Schnittwiderstand liegt höher als beim Drehen oder Bohren, da der Anteil der Reibungsleistung an der Schneide die Gesamtzerspanungsleistung erheblich beeinflußt.

Diesen Besonderheiten muß Rechnung getragen werden durch richtige Wahl und Instandhaltung von Maschine und Werkzeug und durch geeignete Schnittbedingungen.

II. Wahl und Instandhaltung der Maschine

Bei der Wahl der richtigen Maschinenart (Senkrecht- oder Waagerecht-Fräsmaschine) sind zu bedenken:

gute Aufspannmöglichkeit,
günstige Lage der Arbeitsfläche zur Aufspannfläche,
gute Beobachtungsmöglichkeit,
reichliche, unbehinderte Zu- und Ableitung des Kühlmittels,
leichter Späneabfluß,
richtige Ausnutzung der Maschinen.

Bei längeren Leerwegen werden zweckmäßig Maschinen mit Eilgängen eingesetzt.

Drehzahlbereich, Auswahl der Vorschübe und Maschinengröße sind der Fräsarbeit anzupassen. Hierbei ist allerdings zu beachten, daß auch die kräftigste Maschine nur bei richtiger Wahl der Arbeitsbedingungen schwingungsfrei arbeitet. Für Hartmetallwerkzeuge und Leichtmetallbearbeitung sollen Maschinen mit hohen Drehzahlen zur Verfügung stehen.

Der gute Zustand der Maschine ist Vorbedingung für sauberes Arbeiten. Vor allem müssen Frässpindellagerung, Spindelkegel und Gegenhalterbuchse einwandfrei sein. Auch Durchmesser und Beschaffenheit des Fräsdornes oder der Fräseraufnahme sind von Bedeutung. Nur mit kräftigen Fräsdornen kann eine hohe Arbeitsgenauigkeit und gute Spanleistung der Fräsmaschine erreicht werden. Der Fräser soll möglichst dicht an dem Spindelkopf aufgenommen und gut abgestützt werden, wenn möglich mit zwei Fräsdornlagern und Gegenhalterstütze. Der Schlag des Fräsers zusammen mit dem Fräsdorn soll 0,05 mm (je nach Fräsdornlänge und Fräserdurchmesser) möglichst nicht überschreiten.

Zur Vorbereitung der Fräsarbeit gehört, daß man die Klemmen und Anschläge der Maschine — soweit erforderlich — festzieht und den Gegenhalter gut stützt. Das Werkstück muß so niedrig wie möglich eingespannt werden; dies ist auch beim Entwerfen und Verwenden von Spannvorrichtungen zu beachten.

III. Wahl und Instandhaltung des Werkzeuges

Die richtige Ausnutzung der Maschine hängt in hohem Maße von dem verwendeten Werkzeug ab. Nur mit neuzeitlichen Werkzeugen können gute Leistungen erreicht werden. Der Fräser soll der einzelnen Fräsarbeit und dem zu bearbeitenden Werkstoff angepaßt sein (Übersicht Fräs 2) *).

---

*) Vgl. „Gestalt und Anwendung der Fräser". Masch.-Bau/Betrieb (1939) S. 175.

Art des Fräsers	Form	Richtwerte der Schnittwinkel im Mittel für: senkrecht zur Spirale gemessen Werkstoffgruppe	I	II, III, IV, IX	V bis VIII
Walzen-Fräser	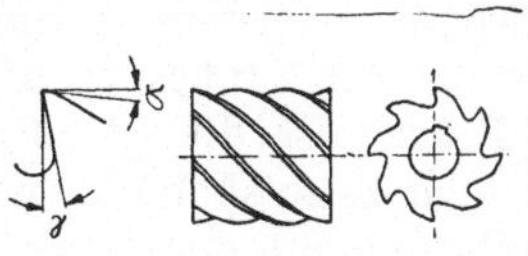	Freiwinkel α	3°	5°	7°
		Spanwinkel γ	5°	10°	25°
Walzen-stirn-Fräser	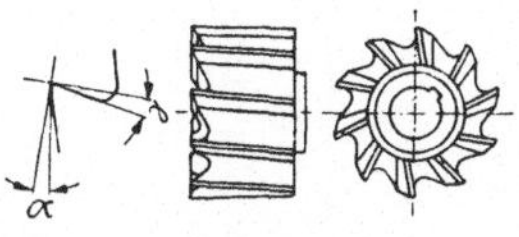	Freiwinkel α	3°	6°	8°
		Spanwinkel γ	5°	10°	25°
Scheiben-Fräser	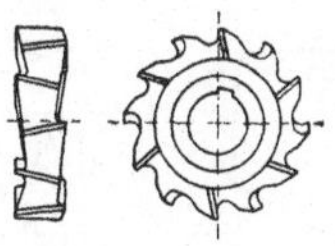	Freiwinkel α	3°	5°	8°
		Spanwinkel γ	6°	12°	25°
Schaft-Fräser	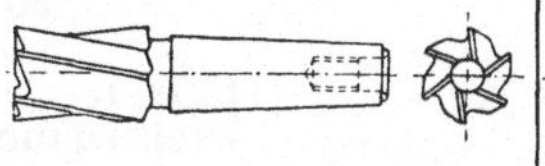	Freiwinkel α	3°	5°	8°
		Spanwinkel γ	4°	8°	20°

Werkstoffgruppe: I VCN 35 verg., VCMo 140 vergütet

Werkstoffgruppe: II, III, IV, IX — St 50.11, St 60.11, St 70.11, StC 45.61, Te 38.92, VCN 25 gegl., ECN 25 gegl., ECMo 100 gegl., VCMo 125 gegl., Stg 52.81, Ge 18.91, Ms 58, Rg 8

Werkstoffgruppe: V bis VIII — Reinaluminium, zähe Al-Legierungen, Magnesium-Legierungen.

Beispielsweise gelten für Hochleistungs-Walzenfräser

Werkstoffgruppe	Spiralwinkel	Zähnezahl	z. B. für Fräser von 90 mm ⌀
I	≈ 35°	groß	12 ÷ 16
II, III, IV, IX	≈ 45°	mittel	6 ÷ 8
V bis VIII	≈ 50°	klein	5 ÷ 6

Fräs 2. Übersicht über Fräser-Grundformen

Walzenfräser werden zweckmäßig immer so verwendet, daß der Axialdruck auf das Spindellager gerichtet ist (Fräs 3). Hierdurch wird gleichzeitig der Fräsdorn fest in den Aufnahmekegel gedrückt. Dies ist der Fall, wenn Walzenfräser mit Rechtsdrall linksschneidend, solche mit Linksdrall rechtsschneidend verwendet werden. Rechtsdrall entspricht einer Rechtsschraube, Linksdrall einer Linksschraube. Die Bezeichnung der Schnittrichtung beim Fräsen ist die gleiche wie beim Bohren (Fräs 4). Man bezeichnet die dem Rechtsbohrer entsprechende Drehrichtung der Frässpindel mit rechts und die dem Linksbohrer entsprechende mit links.

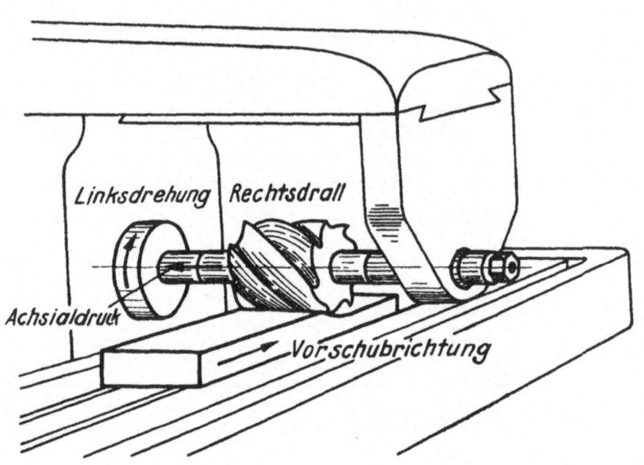

Fräs 3. Drall und Axialdruck

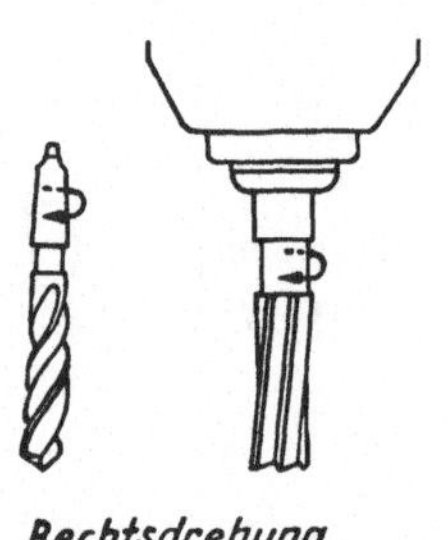

Fräs 4. Drehrichtung und Drall

Wichtig ist, daß die Schneiden ordnungsmäßig geschärft sind. Ist dies nicht der Fall, so gleiten infolge der Durchbiegung des Fräsdornes zunächst die Fräserzähne unter steigendem Druck auf der Fräsfläche, bis sie in den Werkstoff eindringen und einen Span abheben. Als Folge stellt sich ein rascher Verschleiß der Schneiden ein; Genauigkeit und Oberflächengüte des Werkstückes werden beeinträchtigt. Ähnliche Erscheinungen treten auf, wenn der Fräsdorn zu dünn oder nicht genügend abgestützt ist. Ferner wirkt sich der Schlag des Werkzeuges ungünstig aus und führt außerdem zu einer unnötigen stoßartigen Beanspruchung der Maschine. Schnellaufende Messerköpfe (z. B. für Leichtmetallbearbeitung) sollen ausgewuchtet sein, um Schwingungen mit ihren schädlichen Folgen zu vermeiden.

B. Gliederung des Arbeitsablaufes einer Fräsarbeit

In der Übersicht Fräs 5 wird gezeigt, welche Arbeitsverrichtungen zu einer einfachen Fräsarbeit einschließlich des Rüstens (Einrichtens) gehören. Aus den schraffierten Feldern ist zu ersehen, wie die Zeiten der einzelnen Arbeitsverrichtungen den Rüst-, Haupt- und Nebenzeiten zuzuordnen sind. Am Schluß dieser Übersicht ist der allgemeine Kalkulationsaufbau angeführt, und zwar getrennt nach Rüstzeit und Stückzeit, wie es für die Zeitvorgabe erforderlich ist. Die Gesamtzeit der Fertigung T_z wird errechnet aus der für den vorliegenden Arbeitsauftrag einmal vorzugebenden Rüstzeit t_r und dem Produkt aus Stückzeit t_{st} mal Anzahl z der anzufertigenden Werkstücke. Es wird also

$$T_z = t_r + z \cdot t_{st}$$

C. Arbeitszeitermittlung auf Grund von Erfahrungswerten durch Rechnen

Die Ermittlung der Arbeitszeiten (sowohl Rüst- wie auch Grundzeiten) k a n n je nach dem gewünschten Genauigkeitsgrad nach verschiedenen Methoden erfolgen. Solche Methoden sind

Schätzen (überschlägliches Rechnen),
genaues Rechnen,
Zeitstudie,
Vergleichen.

Beim Fräsen sollte das Schätzen ohne jede Unterlage nicht angewendet werden; die Zeitersparnis gegenüber dem Rechnen ist unwesentlich, das Ergebnis dagegen recht ungenau.

Die Methode des Rechnens ist gerade beim Fräsen sehr einfach; es braucht nur der Arbeitsweg L durch den Vorschub je Minute s' geteilt zu werden, um die Hauptzeit t_h zu erhalten. Da es sich im wesentlichen darum handelt, Unterlagen für die Bewertung des Vorschubes zu schaffen, und diese Unterlagen, wenn sie einmal da sind, sowohl für eine überschlägliche als auch für eine genaue Rechnung benutzt werden, ist davon Abstand genommen, für das überschlägliche Rechnen besondere Unterlagen mit Annäherungswerten zu entwickeln.

Lfd. Nr.	Unterteilung		t_{rg}	t_h	t_n
1	Auftrag empfangen		▨		
2	Werkzeug beschaffen		▨		
3	Tisch aufrüsten zum Spannen		▨		
4	* Werkzeug einspannen		▨		
5	Werkstück aufspannen				▨
6	* Maschine einschalten		▨		
7	* Einstellen nach Anriß oder Lehre, Anschläge einstellen u.s.w.		▨		
8	* Schnittgeschwindigkeit u. Vorschub einstellen		▨		
9	Fräsvorgang	a Einschalten (Frässpindel u. Vorschub)			▨
		b Anstellen			▨
		c Fräsen		▨	
		d Ausschalten			▨
		e Rücklauf oder Zurückkurbeln			▨
10	Vorrichtung oder Werkstück schwenken, (Schwenkvorrichtung) umstellen oder umspannen, teilen				▨
11	Werkstück abspannen				▨
12	Messen				▨
13	Erstes Werkstück prüfen (Bei großer Reihenfertigung u. in besonderen Fällen)		▨		
14	Spannfläche reinigen (Späne entfernen, soweit notwendig)				▨
15	* Maschine ausschalten		▨		
16	* Werkzeug ausspannen		▨		
17	Tisch abrüsten		▨		
18	Werkzeug u. Maschine reinigen		▨		
19	Werkzeug abgeben		▨		
20	Arbeit liefern		▨		

* Kann auch als Nebenzeit vorkommen

Rüstgrundzeit (Summe der Einzelzeiten)	t_{rg}	
Rüstverlustzeit (Zuschlag in v. H. Satz)	t_{rv}	
Rüstzeit	t_r	
Hauptzeit (Summe der Einzelzeiten)		t_h
Nebenzeit (Summe der Einzelzeiten)		t_n
Grundzeit (Summe von $t_h + t_n$)		t_g
Verlustzeit (Zuschlag in v. H. Satz)		t_{gv}
Stückzeit		t_{st}
Gesamtzeit der Fertigung:		$T_z = t_r + z \cdot t_{st}$

Fräs 5. Arbeitsablauf einer Fräsarbeit

Im folgenden ist in den Abschnitten *C* I bis *C* III die Methode des Rechnens und die Benutzung von Erfahrungswerten ausführlich dargestellt. Mit besonderer Sorgfalt sind Richtwerte für Vorschübe bei den gebräuchlichsten Fräsarten und Werkstoffen aus der Praxis zusammengetragen. Die in den Abschnitten *C* I (Rüstzeiten) und *C* III (Nebenzeiten) entwickelten Zeitwerte können auch für die einfachere Methode des überschläglichen Rechnens benutzt werden, wenn man mehrere dieser Werte in noch weitergreifende Gruppen zusammenfaßt. Man erreicht dadurch in manchen Fällen eine kürzere Berechnungszeit, muß aber auch ein ungenaueres Ergebnis in Kauf nehmen. Die Zahlenwerte der Tafeln des Abschnittes *C* II (Hauptzeiten) müssen natürlich den Arbeitsverhältnissen angepaßt werden.

Die Zeitstudie wird für die Ermittlung der Stückzeiten besonders in der großen Reihen- oder Massenfertigung angewendet. Es ist in dieser Schrift darauf verzichtet, ein besonderes Beispiel zu bringen, es wird vielmehr auf die Ausführungen im Refa-Buch, Abschnitt Zeitstudien, verwiesen.

Die Methode des Vergleichens wird dann durchgeführt, wenn es sich um Werkstücke handelt, die der Form nach gleich, der Größe nach aber verschieden sind. Im Abschnitt *D* ist die Methode des Vergleichens und der Aufbau von Berechnungstafeln näher erläutert.

I. Rüstzeit

Die folgenden Darstellungen enthalten Richtlinien und Richtwerte für die Berechnung der Rüst-Grundzeit beim Fräsen. Die Richtwerte stellen Erfahrungswerte dar, die aus Arbeits- und Zeitbeobachtungen in einem bestimmten Betriebe gewonnen sind. Aus diesem Grunde können und dürfen diese Richtwerte nicht ohne weiteres übernommen werden, es ist vielmehr zu überprüfen, ob die Voraussetzungen für die Anwendung der Richtwerte gegeben sind. Andernfalls sind sie den andersartigen Bedingungen anzupassen und umzurechnen.

a) Berechnungsunterlagen für Rüstzeiten bei Waagerecht- und Senkrecht-Fräsmaschinen

In der Tafel Fräs 6 Grundwerte sind die am häufigsten vorkommenden Arbeitsverrichtungen für das Auf- und Abrüsten beim Fräsen zusammengestellt. Grundsätzlich ist die Rüstzeit in folgende Gruppen unterteilt:

1. Arbeitsbeschaffung,
2. Werkzeugbeschaffung,
3. Maschine und Werkzeug umstellen,
4. Umstellen zum Spannen,
5. Sonderarbeiten.

Die für die einzelnen Gruppen oder Arbeitsverrichtungen angegebenen Zeiten sind ab- oder aufgerundet und entsprechen in ihrem Vorkommen und ihrer Höhe einer bestimmten Betriebsorganisation. Für jede andere Organisation müssen andere Werte eingesetzt werden; so sind z. B. die Zeiten für Werkzeugbeschaffung oder Auftragsempfang fortzulassen, falls diese Arbeiten durch eine andere Betriebsstelle erledigt werden. Andererseits sind noch Zeiten für „Erstes Werkstück prüfen" oder „Arbeit liefern" hinzuzufügen, falls diese Arbeiten besonders verlangt werden. Da die Berechnung der Rüstgrundzeiten aus den Einzelzeiten oder Grundwerten der Tafel zeitraubend ist, sind für häufig vorkommende Rüstarbeiten Zeitwerte in Berechnungstafeln für drei Maschinengrößen (s. a. S. 25) zusammengestellt (Fräs 7, 8 u. 9). Außerdem sind Zuschlagwerte für solche Fräsarbeiten vorgesehen, bei denen ein Umrüsten für weitere Arbeitsstufen erforderlich wird. Einige Beispiele (Fräs 10) zeigen, wie die Rüstzeiten mit Hilfe der Berechnungstafeln ermittelt werden.

b) Beispiele für die Anwendung der Berechnungsunterlagen

Wie die Zeitwerte der Berechnungstafeln Fräs 7, 8, 9 aus den Grundwerten der Tafel Fräs 6 gebildet werden, zeigen die folgenden Beispiele:

1. Beispiel:

Auf Tafel Fräs 10 Beisp. 1 (Maschinengruppe A) ist angegeben für die

1. Arbeitsstufe:
Spannen im Schraubstock, Arbeiten mit Frässdornlager und einfachem Fräser nach Tafel Fräs 7/2 g
der Zeitwert . . . . = 21 min

Diese 21 min sind ermittelt nach Tafel Fräs 6 aus:

1. Arbeitsbeschaffung	I a = 4	min
2. Werkzeugbeschaff.	II a = 4	„
3. Maschine u. Werkzeug umstellen .	III b = 5,5	„
	III d = 2	„
4. Umstell. z. Spannen	IV b = 3,5	„
5. Sonderarbeiten .	V a = 2	„
	21	min

2. Arbeitsstufe:
Spannen im Schraubstock, Arbeiten mit Frässdornlager und einfachem Fräser nach Tafel Fräs-7/10 g
ein Zuschlagwert . . = 2 min

Diese 2 min sind ermittelt nach Tafel Fräs 6 aus:
Maschine und Werkzeug umstellen . . III d = 2 min

Gruppe	Unterteilung		Ziffer	Maschinengruppe A	Maschinengruppe B	Maschinengruppe C
				Antriebleistung 2,5 kW	5 kW	7,5 kW
				Aufspannfläche des Tisches in mm 700×250	1200×355	1600×400
				min	min	min
I Arbeitsbeschaffung	Auftrag empfangen u. abgeben, Zeichnung u. Arbeitsplan empfangen u. abgeben einschl. Gang zur Ausgabe, Zeichnung u. Arbeitsplan lesen oder Bearbeitungsfolge überlegen		a	4	4	4
II Werkzeugbeschaffung	Zeit für das Besorgen v. 1 Fräsdorn u. 1 Fräser	(Werkzeugmarke aus dem Schrank nehmen, Werkzeugzettel ausschreiben, Gang zum Werkzeuglager u. zurück. Wartezeit am Werkzeuglager, Aus- u. Abgabe für 1 Fräser u. Fräsdorn)	a	4	5	6
	Aus- u. Abgabezeit f. je 1 weit. Fräser bezw. 1 kompl. Satzfräser		b	1	1,5	2
	" " " " " ein sonstiges Werkzeug		c	1	1	1
III Maschine und Werkzeug umstellen	ohne Gegenhalter	Fräsdorn mit einfachem Fräser ein- u. abspannen, Einstellen eines Anschlags	a	4	5	6,5
	mit Fräsdornlager	Fräsdorn mit einfachem Fräser ein- u. abspannen, Einstellen eines Anschlags	b	5,5	7	9
	m. Fräsdornlager u. Gegenhalter-Stütze	Fräsdorn mit einfachem Fräser ein- u. abspannen, Einstellen eines Anschlags	c	7	9	12
	Zuschlag x) bei Verwendung von	Einfachem Fräser	d	2	2,5	3
		Satzfräser 2 teilig	e	5	6,5	8
		" 3 "	f	7	8,5	10
		" 4 "	g	10	12	14
		Messerkopf etwa 220 mm ϕ	h	3	3,5	4
		" " 320 " ϕ	i		4,5	5
IV Umstellen zum Spannen	auf Tisch	3 Spanneisen u. 3 Spannschrauben zusammensetzen u. in die Tischnuten einführen, Spannklötze einstellen	a	3,5	4	5
	im Schraubstock	Aufbringen des Schraubstockes mit 2 Spannschrauben	b	3,5	4	6
	in kleiner Vorrichtung	Aufbringen der kleinen Vorrichtung mit 2 Spannschrauben	c	3,5 } 4,5	4 } 5,5	
		Aus- u. Abgabezeit der kl. Vorrichtung	d	1	1,5	
	in großer Vorrichtung	Aufbringen der großen Vorrichtung mit 4 Spannschrauben	e		6 } 8	8 } 11
		Aus- u. Abgabezeit der groß. Vorrichtung	f		2	3
	am kleinen Winkel	Aufbringen u. Ausrichten des kleinen Winkels mit 2 Spannschrauben	g	3,5 } 4,5	4 } 5,5	
		Aus- u. Abgabezeit des kleinen Winkels	h	1	1,5	
	am großen Winkel	Aufbringen u. Ausrichten des großen Winkels mit 4 Spannschrauben	i		6 } 8	8 } 11
		Aus- u. Abgabezeit des groß. Winkels	k		2	3
	im Teilkopf	ohne Gegenspitze Aufbringen von 2 Spannschraub.	l	5,5	7	9
		mit " " " 4 "	m	8	10	13
	Zuschlag bei Verwendung von	1 weiteren Spannschraube	n	0,5	0,5	0,5
		je 1 weiterem Spanneisen, Spannschrb. u. Spannklotz	o	1,0	1,5	1,5
V Sonderarbeiten	Werkzeug und Frästisch reinigen		a	2	3	4

x) einschließlich erstmaligem Spananstellen u. Messen

Fräs 6. **Grundwerte für Rüstzeiten**

Ziffer	Spannart	Arbeiten ohne Gegenhalter						mit Fräsdornlager				mit Fräsdornlager u. Gegenhalterstütze				Zuschlag für jede weitere Werkstück-Spannart beim gleichen Arbeitsgang
		mit einfach. Fräser	mit Satzfräser 2 teilig	mit Satzfräser 3 teilig	mit Satzfräser 4 teilig	m. Messerkopf bis etwa 220 ⌀	m. Messerkopf bis etwa 320 ⌀	mit einfach. Fräser	mit Satzfräser 2 teilig	mit Satzfräser 3 teilig	mit Satzfräser 4 teilig	mit einfach. Fräser	mit Satzfräser 2 teilig	mit Satzfräser 3 teilig	mit Satzfräser 4 teilig	
		a	b	c	d	e	f	g	h	i	k	l	m	n	o	p
1	auf dem Tisch (3 Spannschraub., 3 Spanneisen)	20	23	25	28	21		21	24	26	29	23	26	28	31	4
2	im Schraubstock (2 Spannschrauben)	20	23	25	28	21		21	24	26	29	23	26	28	31	4
3	in kleiner Vorrichtung (2 Spannschrauben)	21	24	26	29	22		22	25	27	30	24	27	29	32	5
4	in großer Vorrichtung (4 Spannschrauben)															
5	am kleinen Winkel (2 Spannschrauben)	21	24	26	29	22		22	25	27	30	24	27	29	32	5
6	am großen Winkel (4 Spannschrauben)															
7	im Teilkopf ohne Gegenspitze	22	25	27	30	23		23	26	28	31	25	28	30	33	6
8	im Teilkopf mit Gegenspitze	24	27	29	32	25		26	29	31	34	27	30	32	35	8
9	Zuschlag für jeden weiteren Fräser beim gleichen Arbeitsgang	7	10	12	15	8		9	12	14	17	10	13	15	18	Für jede weitere Spannschraube 0,5 min
10	Zuschlag bei jeder weiteren Arbeitsstufe für erstmaliges Anstellen u. Messen, wenn Spannart und Fräser gleichbleiben	2	5	7	10	3		2	5	7	10	2	5	7	10	Für jedes weitere Spanneisen mit Spannschraube und Spannklotz 1 min

Fräs 7. **Berechnungstafel für Rüstzeiten,** Maschinengruppe A, Aufspannfläche des Tisches 700 × 250 mm

Ziffer	Spannart	Arbeiten ohne Gegenhalter						mit Fräsdornlager				mit Fräsdornlager u. Gegenhalterstütze				Zuschlag für jede weitere Werkstück-Spannart beim gleichen Arbeitsgang
		mit einfach. Fräser	mit Satzfräser 2 teilig	3 teilig	4 teilig	m. Messerkopf bis etwa 220 ⌀	bis etwa 320 ⌀	mit einfach. Fräser	mit Satzfräser 2 teilig	3 teilig	4 teilig	mit einfach. Fräser	mit Satzfräser 2 teilig	3 teilig	4 teilig	
		a	b	c	d	e	f	g	h	i	k	l	m	n	o	p
1	auf dem Tisch (3 Spannschraub., 3 Spanneisen)	24	28	30	33	25	26	26	30	32	35	28	32	34	37	4
2	im Schraubstock (2 Spannschrauben)	24	28	30	33	25	26	26	30	32	35	28	32	34	37	4
3	in kleiner Vorrichtung (2 Spannschrauben)	25	29	31	35	26	27	27	31	33	37	29	33	35	39	6
4	in großer Vorrichtung (4 Spannschrauben)	28	32	34	37	29	30	30	34	36	39	32	36	38	41	8
5	am kleinen Winkel (2 Spannschrauben)	25	29	31	35	26	27	27	31	33	37	29	33	35	39	6
6	am großen Winkel (4 Spannschrauben)	28	32	34	37	29	30	30	34	36	39	32	36	38	41	8
7	im Teilkopf ohne Gegenspitze	27	31	33	36	28	29	29	33	35	38	31	35	37	40	7
8	im Teilkopf mit Gegenspitze	30	34	36	39	31	32	32	36	38	41	34	38	40	43	10
9	Zuschlag für jeden weiteren Fräser beim gleichen Arbeitsgang	9	13	15	19	10	11	11	15	17	21	13	17	19	23	Für jede weitere Spannschraube 0,5 min
10	Zuschlag bei jeder weiteren Arbeitsstufe für erstmaliges Anstellen u. Messen, wenn Spannart und Fräser gleichbleiben	2,5	6,5	8,5	12	3,5	4,5	2,5	6,5	8,5	12	2,5	6,5	8,5	12	Für jedes weitere Spanneisen mit Spannschraube und Spannklotz 1,5 min

Fräs 8. **Berechnungstafel für Rüstzeiten,** Maschinengruppe B, Aufspannfläche des Tisches 1200×355 mm

Ziffer	Spannart	Arbeiten ohne Gegenhalter						mit Fräsdornlager				mit Fräsdornlager u. Gegenhalterstütze				Zuschlag für jede weitere Werkstück-Spannart beim gleichen Arbeitsgang
		mit einfach. Fräser	mit Satzfräser 2 teilig	3 teilig	4 teilig	m. Messerkopf bis etwa 220 ⌀	bis etwa 320 ⌀	mit einfach. Fräser	mit Satzfräser 2 teilig	3 teilig	4 teilig	mit einfach. Fräser	mit Satzfräser 2 teilig	3 teilig	4 teilig	
		a	b	c	d	e	f	g	h	i	k	l	m	n	o	p
1	auf dem Tisch (3 Spannschrauben, 3 Spanneisen)	29	34	36	40	30	31	31	36	38	42	34	39	41	45	5
2	im Schraubstock (2 Spannschrauben)	30	35	37	41	31	32	32	37	39	43	35	40	42	46	6
3	in kleiner Vorrichtung (2 Spannschrauben)															
4	in großer Vorrichtung (4 Spannschrauben)	35	40	42	46	36	37	37	42	44	48	40	45	47	51	11
5	am kleinen Winkel (2 Spannschrauben)															
6	am großen Winkel (4 Spannschrauben)	35	40	42	46	36	37	37	42	44	48	40	45	47	51	11
7	im Teilkopf ohne Gegenspitze	33	38	40	44	34	35	35	40	42	46	38	43	45	49	9
8	im Teilkopf mit Gegenspitze	37	42	44	48	38	39	39	44	46	50	42	47	49	53	13
9	Zuschlag für jeden weiteren Fräser beim gleichen Arbeitsgang	12	17	19	23	13	14	14	19	21	25	17	22	24	28	Für jede weitere Spannschraube 0,5 min
10	Zuschlag bei jeder weiteren Arbeitsstufe für erstmaliges Anstellen u. Messen, wenn Spannart und Fräser gleichbleiben	3	8	10	14	4	5	3	8	10	14	3	8	10	14	Für jedes weitere Spanneisen mit Spannschraube und Spannklotz 1,5 min

Fräs 9. **Berechnungstafel für Rüstzeiten,** Maschinengruppe C, Aufspannfläche des Tisches 1600×400 mm

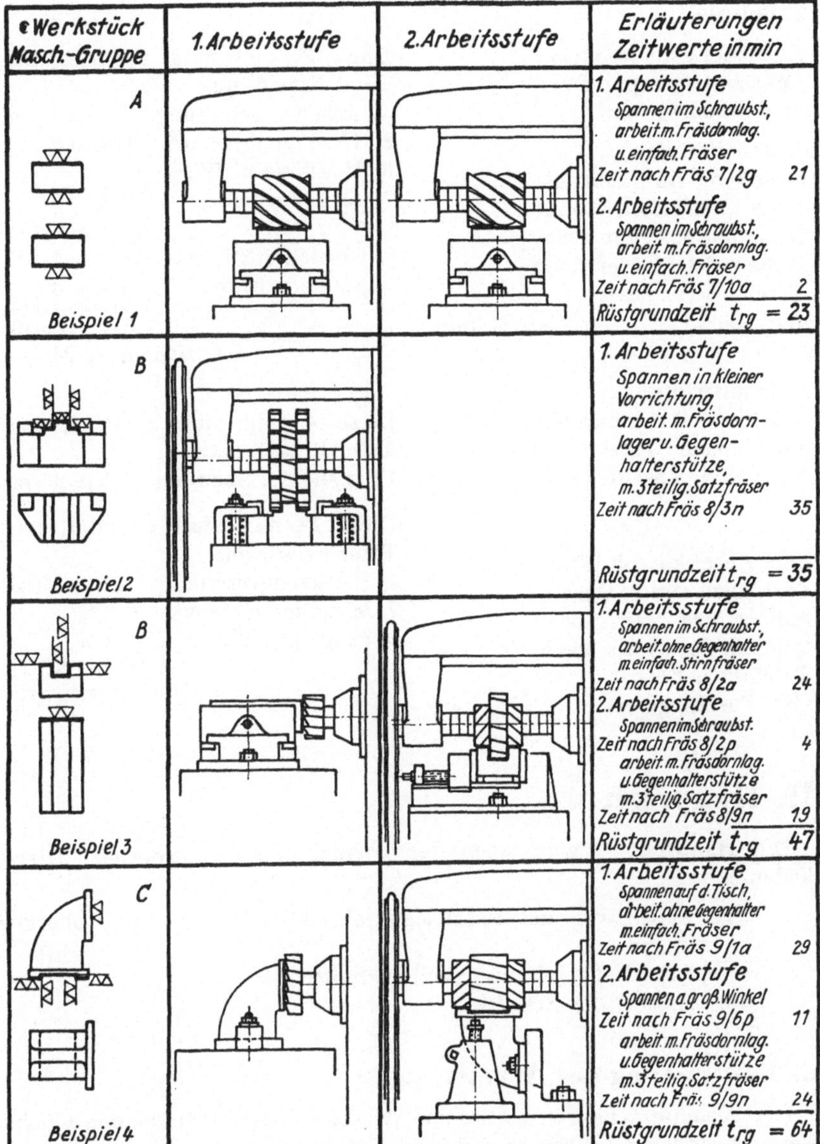

Fräs 10. Beispiele für die Berechnung von Rüstzeiten

2. Beispiel

Auf Tafel Fräs 10 Beisp. 3 (Maschinengruppe B) ist angegeben für die

1. Arbeitsstufe:
Spannen im Schraubstock, Arbeiten ohne Gegenhalter mit einfachem Stirnfräser nach Tafel Fräs 8/2 a der Zeitwert . . . . = 24 min

Diese 24 min sind ermittelt nach Tafel Fräs 6 aus:

1. Arbeitsbeschaffung	I a = 4	min
2. Werkzeugbeschaff.	II a = 5	„
3. Maschine u. Werkzeug umstellen .	III a = 5	„
	III d = 2,5	„
4. Umstell. z. Spannen	IV b = 4	„
5. Sonderarbeiten .	V a = 3	„
	23,5	min
	gerundet 24	„

2. Arbeitsstufe:
Spannen im Schraubstock nach Tafel Fräs 8/2 p ein Zuschlagwert = 4 min

Diese 4 min sind ermittelt nach Tafel Fräs 6 aus:
Umstellen z. Spannen IV b = 4 min

und Arbeiten mit Fräsdornlager und Gegenhalterstütze mit dreiteiligem Satzfräser nach Tafel Fräs 8/9 n ein Zuschlagwert . . = 19 min

Diese 19 min sind ermittelt nach Tafel Fräs 6 aus:

1. Werkzeugbeschaff.	II b = 1,5	min
2. Maschine u. Werkzeug umstellen .	III c = 9	„
	III f = 8,5	„
	19	min

II. Hauptzeit

Die Hauptzeit t_h wird nach der Formel $t_h = \frac{L \cdot i}{s'}$ ermittelt. Hierin bedeutet

L = Arbeitsweg des Frästisches einschließlich An- und Überlauf in mm,
s' = Vorschubgeschwindigkeit in mm/min,
i = Anzahl der Schnitte.

a) Bestimmung des Arbeitsweges

Der gesamte Arbeitsweg L ist von der Länge der zu fräsenden Fläche, der verwendeten Fräserart und dem Fräsvorgang abhängig. Außer der Fräslänge, die durch das Zeichnungsmaß l und gegebenenfalls durch die Bearbeitungszugaben Z_l bestimmt wird, hat der Fräsmaschinentisch vor und nach dem eigentlichen Fräsen zusätzliche Wege $l_a + l_u$ zurückzulegen.

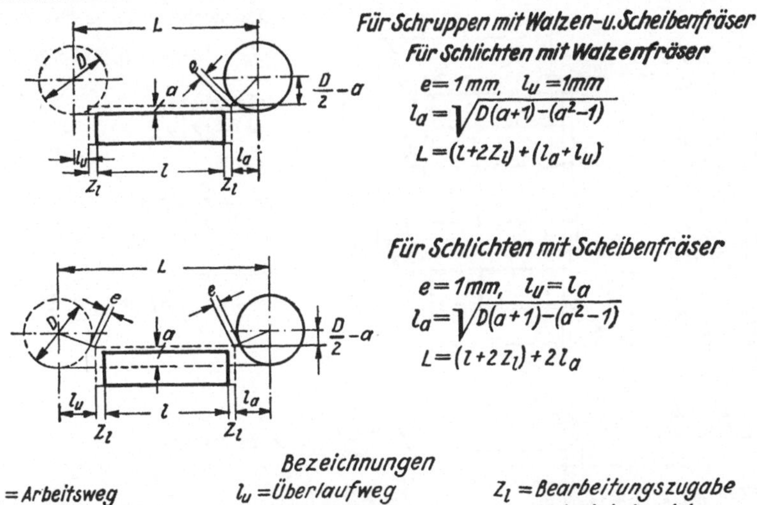

Bezeichnungen

L = Arbeitsweg
l = Länge der fertigen Fläche
l_a = Anlaufweg
l_u = Überlaufweg
b = Fräsbreite
D = Fräserdurchmesser
a = Spantiefe
Z_l = Bearbeitungszugabe
e = Kleinstabstand des Fräsers vom Werkstück

Zuschlagwerte für An- und Überlauf in mm

Spantiefe a in mm	Scheibenfräser ($2l_a$)								Walzenfräser ($l_a + l_u$)							
	Fräserdurchmesser D in mm								Fräserdurchmesser D in mm							
	40	50	60	75	90	110	130	150	40	50	60	75	90	110	130	150
0,5	16	17	19	21	23	26	28	30	9	10	11	12	13	14	15	16
1	18	20	22	25	27	30	32	35	10	11	12	13	14	16	17	18
2	22	24	27	30	33	36	39	42	12	13	14	16	17	19	21	22
3	25	28	30	34	38	42	45	49	13	15	16	18	20	22	24	25
4	27	31	34	38	42	46	50	54	15	16	18	20	22	24	26	28
5	29	33	37	41	45	50	55	59	16	18	19	21	24	26	29	31
6	31	36	39	44	49	54	59	64	17	19	21	23	25	28	31	33
8	34	39	44	49	55	61	67	72	18	21	23	26	28	31	34	37
10	37	42	47	54	60	67	73	79	19	22	25	28	31	34	37	40
12	—	45	50	58	64	72	79	85	—	24	26	30	33	37	40	44
15	—	—	54	62	70	78	86	93	—	—	—	—	36	40	44	48
20	—	—	—	69	77	87	97	105	—	—	—	—	—	45	49	53
25	—	—	—	—	83	95	105	114	—	—	—	—	—	48	54	58
30	—	—	—	—	—	100	112	123	—	—	—	—	—	—	57	62
40	—	—	—	—	—	—	122	135	—	—	—	—	—	—	—	—
50	—	—	—	—	—	—	—	144	—	—	—	—	—	—	—	—

Beispiel: Werkstück: $l = 200\,mm$, $Z_l = 3\,mm$, $a = 4\,mm$, Fräser $\phi\ D = 75\,mm$
Scheibenfräser: Arbeitsweg $L = 200 + 6 + 38 = 244\,mm$; Walzenfräser: Arbeitsweg $L = 200 + 6 + 20 = 226\,mm$

Fräs 11. Zuschlagwerte für An- und Überlauf bei Walzen- und Scheibenfräsern

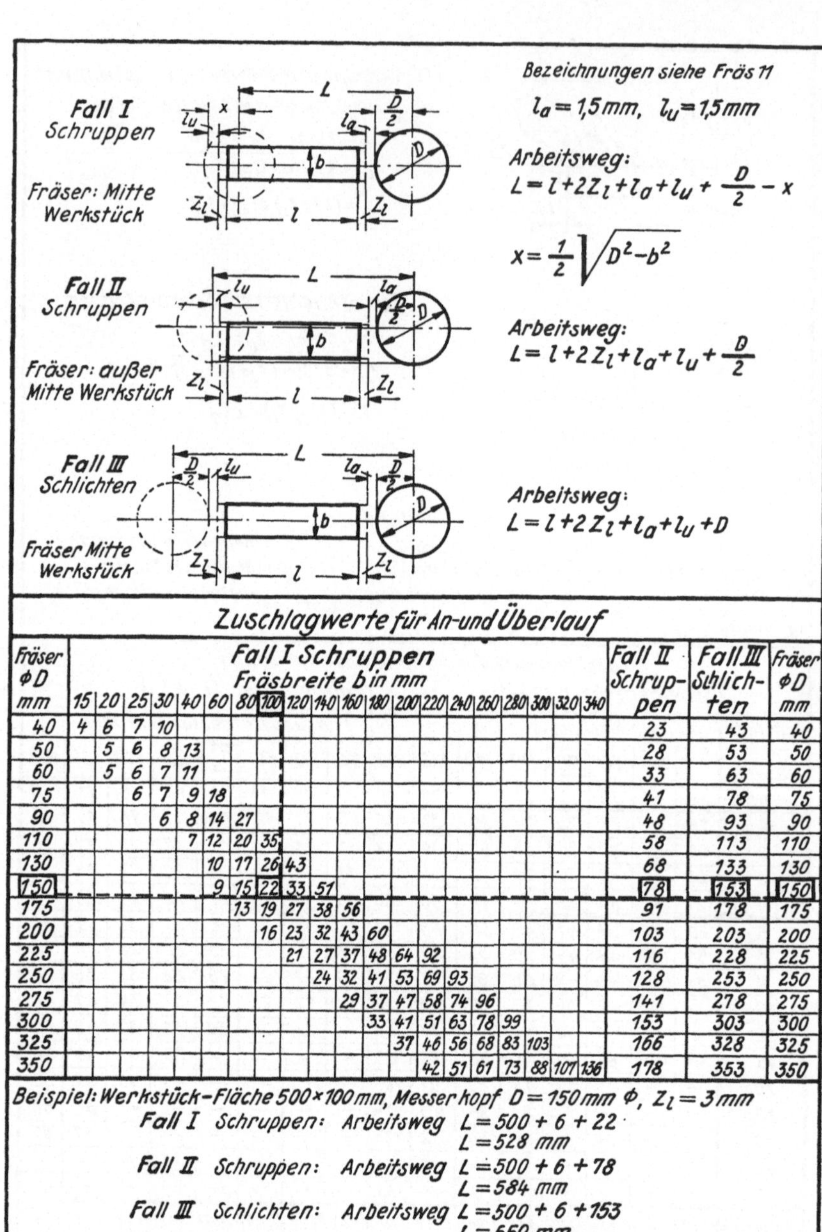

Zuschlagwerte für An- und Überlauf

Fräser ΦD mm	Fall I Schruppen – Fräsbreite b in mm: 15	20	25	30	40	60	80	100	120	140	160	180	200	220	240	260	280	300	320	340	Fall II Schruppen	Fall III Schlichten	Fräser ΦD mm
40	4	6	7	10																	23	43	40
50		5	6	8	13																28	53	50
60		5	6	7	11																33	63	60
75			6	7	9	18															41	78	75
90				6	8	14	27														48	93	90
110					7	12	20	35													58	113	110
130						10	17	26	43												68	133	130
150						9	15	22	33	51											78	153	150
175							13	19	27	38	56										91	178	175
200								16	23	32	43	60									103	203	200
225									21	27	37	48	64	92							116	228	225
250										24	32	41	53	69	93						128	253	250
275											29	37	47	58	74	96					141	278	275
300												33	41	51	63	78	99				153	303	300
325													37	46	56	68	83	103			166	328	325
350														42	51	61	73	88	107	136	178	353	350

Beispiel: Werkstück-Fläche 500×100 mm, Messerkopf $D = 150\,mm$ Φ, $Z_l = 3\,mm$

Fall I Schruppen: Arbeitsweg $L = 500 + 6 + 22$
$L = 528\,mm$

Fall II Schruppen: Arbeitsweg $L = 500 + 6 + 78$
$L = 584\,mm$

Fall III Schlichten: Arbeitsweg $L = 500 + 6 + 153$
$L = 659\,mm$

Fräs 12. Zuschlagwerte für An- und Überlauf bei Stirnfräsern und Messerköpfen

1. An- und Überlaufwege bei Walzen- und Scheibenfräsern

Die Formeln für die Berechnung dieser zusätzlichen Wege und die hierdurch bedingten Zuschlagwerte sind in der Tafel Fräs 11 angegeben. Einige Berechnungsbeispiele zeigen ihre Anwendung.

Bei Walzen- und Scheibenfräsern wurde für den Anlaufweg l_a ein radialer Abstand e = 1 mm von der äußeren Werkstückkante zugrunde gelegt, der bei jedem Fräserdurchmesser gut zu sehen ist. Derselbe Wert gilt für den Überlaufweg beim Schlichten mit Scheibenfräsern. Für das Fräsen mit Walzenfräsern und das Schruppen mit Scheibenfräsern wurde der Überlaufweg mit $l_u = 1$ mm festgelegt, da man die Beendigung dieser Fräsvorgänge leicht erkennen kann.

2. An- und Überlaufwege bei Stirnfräsern und Messerköpfen

Für Stirnfräser und Messerköpfe sind in der Tafel Fräs 12 An- und Überlaufwege für Schruppen und Schlichten angegeben. Beim Schruppen Fall I steht der Fräser auf Mitte Werkstück, beim Schruppen Fall II außer Mitte Werkstück. Dieser zweite Fall, der größere An- und Überlaufwege ergibt, kommt häufig vor, in erster Linie bei Stirnfräsern und Messerköpfen mit empfindlichen Schneiden (z. B. Hartmetallschneiden). Denn bei dieser Arbeitsweise wird mit einem schwachen Span begonnen und beim Auslauf vermieden, daß wie im Fall I durch die links und rechts von der Mitte stehenbleibenden Dreiecke stoßartige Beanspruchungen der Schneiden auftreten.

Beim Schlichten Fall III steht der Fräser auf Mitte Werkstück. Er muß bei Beendigung der Fräsarbeit das Werkstück vollkommen verlassen haben, so daß ein Nachschneiden durch die zurückliegenden Zähne oder Messer nicht mehr stattfindet. Der Überlaufweg ist deshalb beim Fall III Schlichten gleich dem Anlaufweg.

b) Richtlinien für die Bestimmung der Vorschub- und Schnittgeschwindigkeiten

Die Vorschubgeschwindigkeit s' wird beim Fräsen in der Regel auf die Geschwindigkeit des Frästisches bezogen und in mm/min angegeben. Im Gegensatz zum Drehen und Bohren ist beim Fräsen die Schnittgeschwindigkeit v in m/min ohne Einfluß auf die Größe der Hauptzeit, da der Vorschub des Tisches unabhängig von der Drehzahl der Frässpindel ist. Um lange Standzeiten der Fräswerkzeuge zu erreichen, arbeitet man mit verhältnismäßig niedrigen Schnittgeschwindigkeiten. Andererseits ist eine gute Spanleistung anzustreben, um die Fertigungskosten in wirtschaftlich tragbaren Grenzen zu halten.

Die Wahl von Vorschub- und Schnittgeschwindigkeit wird im wesentlichen durch die Arbeitsmittel und Arbeitsbedingungen beeinflußt, und zwar:

1. Beim Werkstück durch	**2. Bei der Maschine** durch	**3. Beim Werkzeug** durch	**4. Beim Arbeitsvorgang** durch
Werkstoff Form u. Starrheit	Bauart Größe u. Leistg. Drehzahlbereiche Starrheit	Werkstoff Art und Form Durchmesser Art u. Durchmess. der Aufnahme (Fräsdorndurchmesser) Zulässige Beanspruchung	Aufspannart Schnittiefe Fräsbreite Oberflächengüte Kühlung

1. Werkstück

Die in den einzelnen Tafeln Fräs 16 bis 31 aufgestellten Vorschubwerte sind für folgende Werkstoffgruppen vorgesehen:

Gruppe	Werkstoff	Brinellhärte	Festigkeit kg/mm²
I	VCN 35 vergütet	290	100
	VCMo 140 vergütet	290	100
II	VCN 25 geglüht	220	75
	VCMo 125 geglüht	220	75
	ECN 25 geglüht	220	75
	ECMo 100 geglüht	220	75
	St 70.11	220	75
	Stg 52.81		52
III	StC 45.61	180	65
	St 60.11	170	60
	St 50.11	140	50
	Te 38.92	150	38
IV	Ge 18.91	170	18
V	Reinaluminium DIN 1712	35	14
	zähe Al-Leg. DIN 1713	60	25
VI	Ausgehärtete Al-Leg. DIN 1713	120	42
VII	Al-Gußleg. DIN 1713	60	25
VIII	Magnesium-Leg. DIN E 1717	65	33
	Spröde Al-Sonder-Leg. (Automatenleg.)	95	40
IX	Ms 58 Rg 8	70	15

Nicht angeführte Werkstoffe können nach Bearbeitbarkeit, Brinellhärte und Festigkeit entsprechend eingeordnet werden.

Die Form des Werkstückes hat großen Einfluß auf die Größe des zu wählenden Vorschubes. Es wurde deshalb festgelegt, daß die in den Richtwerttafeln (Fräs 16 bis 31) angegebenen Werte für einfach gestaltete Werkstücke gelten sollen, die starr eingespannt werden können. Unstarre Werkstücke müssen mit geringeren Vorschüben (1 bis 2 Stufen niedriger) gefräst werden (s. a. Abschnitt 4, Seite 28).

2. Maschine

Die Richtwerte für Vorschübe gelten für Waagerecht- und Senkrecht-Fräsmaschinen, und zwar für folgende Maschinengruppen:

Maschinengruppe A:
Leichte Maschine mit 2,5 kW (3,4 PS) Antriebleistung.
Aufspannfläche des Tisches bis 700 · 250 mm.

*Maschinengruppe B:**)
Mittlere Maschine mit 5 kW (6,8 PS) Antriebleistung.
Aufspannfläche des Tisches 1200 · 355 mm.

*Maschinengruppe C:**)
Schwere Maschine mit 7,5 kW (10,2 PS) Antriebleistung.
Aufspannfläche des Tisches 1600 · 400 mm.

Es werden neuzeitliche starre Maschinen mit Einzelantrieb vorausgesetzt. Unter Antriebleistung ist dabei die gesamte in die Maschine geführte Leistung in kW zu verstehen, auch bei Maschinen mit besonderem Motor für den Vorschubantrieb. Für Maschinen mit geringerer Antriebleistung ist ein entsprechend kleinerer Vorschub zu wählen.

Für die Vorschübe und Drehzahlen der Maschinen wurde eine Abstufung nach einer Normzahlenreihe mit dem Stufensprung 1,26 gewählt. In dem Schaubild Fräs 13 ist die Zuordnung von Fräserdurchmesser und Schnittgeschwindigkeit zu der Drehzahlreihe

12, 15, 19, 24, 30, 38, 48, 60, 75, 95, 118, 150,
190, 236, 300, 375, 475, 600, 750, 950, 1180, 1500

dargestellt. Die eingezeichneten Beispiele lassen die Handhabung der Tafel erkennen.

Die in den Berechnungstafeln durch die Maschinenleistung bedingten Grenzwerte für die Vorschubgeschwindigkeit sind durch ein Sternchen

---

*) Maschinen älterer Bauart können zwar ihrer Tischgröße nach zu Gruppe *C* gehören, ihrer Antriebleistung nach aber zu Gruppe *B*. Man berechnet dann in einem solchen Falle die Hauptzeit nach der Antriebleistung, die Rüstzeit und die Nebenzeiten nach der Aufspannfläche des Tisches. Jedenfalls muß beim Aufstellen solcher Richtwerttafeln immer die Leistung der vorhandenen Maschine berücksichtigt werden.

besonders gekennzeichnet; sie wurden durch Versuche in namhaften Betrieben der Berliner Industrie festgelegt und dem Stufensprung entsprechend abgerundet.

Für Walzenfräser kann die Maschinenleistung in kW angenähert nach folgender Formel gerechnet werden:

$$N = \frac{a \cdot b \cdot s'}{1000 \cdot V'}$$

Hierin bedeutet: N = Maschinenleistung in kW
a = Spantiefe in mm
b = Fräsbreite in mm
s' = Vorschubgeschwindigkeit in mm/min
V' = zulässige Spanleistung in cm^3/kW min.

Die zulässige Spanleistung beträgt unter Berücksichtigung des Maschinenwirkungsgrades erfahrungsgemäß für

	Walzenfräser in cm³/kW min	**Walzenstirnfräser und Messerköpfe** in cm³/kW min
Werkstoffgruppe I	8	10
Werkstoffgruppe II	10	12
Werkstoffgruppe III	12	15
Werkstoffgruppe IV	22	28

3. Werkzeug

Folgende Fräserarten wurden bei der Aufstellung der Berechnungstafeln berücksichtigt:

Walzenfräser,	Kreissägen,
Walzenstirnfräser,	Radiusfräser,
Messerköpfe,	Winkelstirn- und T-Nuten-Fräser,
Scheibenfräser,	Schaftfräser.

Die Verwendung neuzeitlicher Fräserformen, wie sie für die einzelnen Werkstoffgruppen geeignet und in der Tafel Fräs 2 Fräsergrundformen dargestellt sind, wird vorausgesetzt.

Die Richtwerte der Berechnungstafeln gelten für Fräser aus normalem Schnellstahl, nur die Tafel Fräs 22 gibt Richtwerte für Messerköpfe mit Hartmetallschneiden.

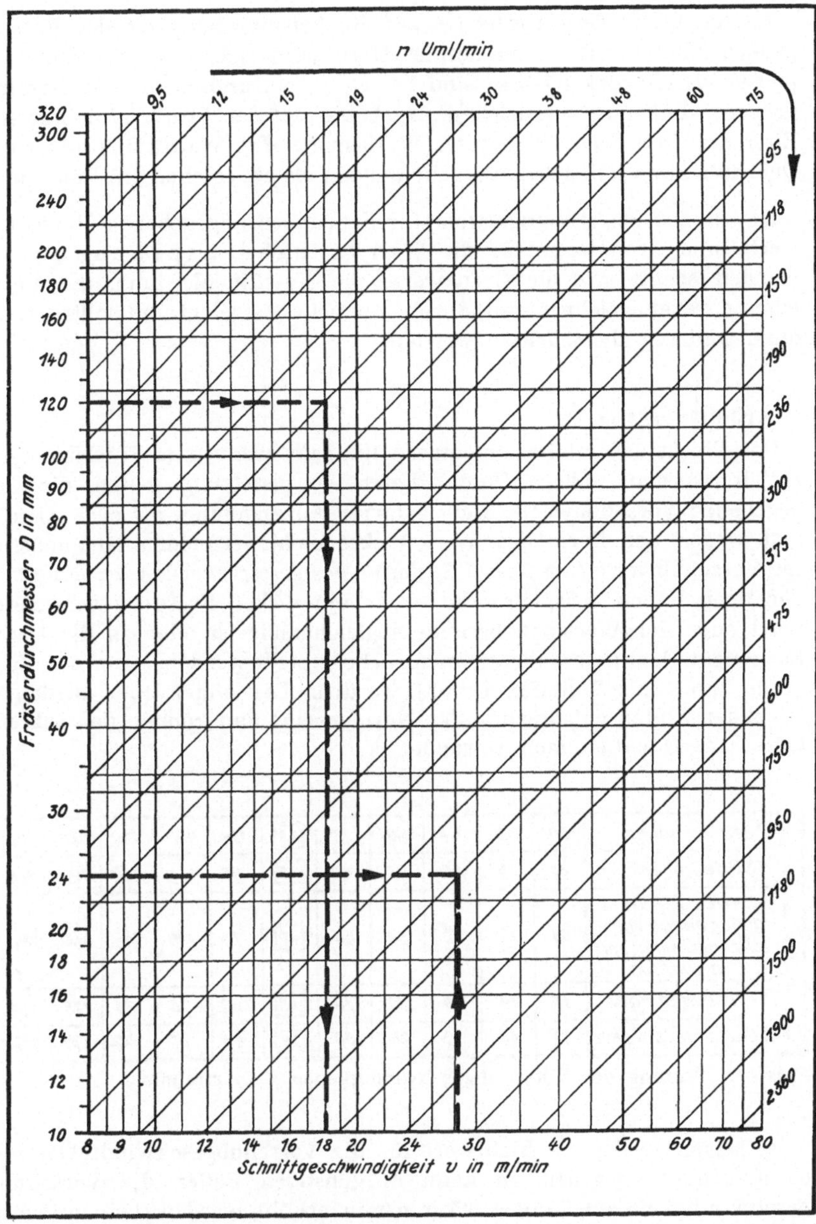

Fräs 13. Normzahlenreihe (Stufensprung 1,26), Fräserdurchmesser D in mm und Schnittgeschwindigkeit v in m/min

Da die Dicke des Fräsdornes auf die Leistungsfähigkeit des Fräsers großen Einfluß hat — ein dünner Dorn wird sich z. B. viel mehr abbiegen als ein dicker —, so sind bei gleichen Durchmessern Fräser mit größerer Bohrung vorzuziehen. Auch die Art der Fräsermitnahme hat Einfluß auf die Spanleistung des Werkzeuges. Ein Walzenstirnfräser mit Quernute kann höher beansprucht werden als ein solcher mit Längsnute.

Die in den Berechnungstafeln für Schruppen angegebenen Vorschubwerte sind Grenzwerte für die Werkzeugbeanspruchung, sie wurden ebenso wie die Grenzwerte für Maschinenleistung, die durch einen * gekennzeichnet sind, durch Versuche festgelegt und sollten nicht ohne weiteres überschritten werden.

4. Arbeitsvorgang

Das Werkstück muß starr eingespannt sein, wenn gute Fräsleistungen erzielt werden sollen. Unter dieser Voraussetzung gelten die angegebenen Vorschubwerte. Bei unstarrer Aufspannung, die sich manchmal wegen der Form des Werkstückes nicht vermeiden läßt, müssen die Vorschubwerte (um 1 bis 2 Stufen) herabgesetzt werden. In besonders günstigen Fällen, beispielsweise wenn ein dicker Fräsdorn verwendet wird oder der Werkstoff besonders gleichmäßig ist oder an die Oberflächengüte keine besonderen Ansprüche gestellt werden, kann der Vorschub um 1 bis 2 Stufen erhöht werden. Die höher oder niedriger liegenden Stufen entsprechen der Normenreihe und können der Zahlentafel Fräs 14 entnommen werden.

2 Stufen höher	30	38	48	60	75	95	118	150	190	236	300
1 Stufe höher	24	30	38	48	60	75	95	118	150	190	236
In den Tafeln angegebene Vorschubgeschwindigkeit in mm/min	19	24	30	38	48	60	75	95	118	150	190
1 Stufe niedriger	15	19	24	30	38	48	60	75	95	118	150
2 Stufen niedriger	12	15	19	24	30	38	48	60	75	95	118

Fräs 14. Stufung der Vorschubgeschwindigkeiten s' in mm/min

Ist beispielsweise ein Richtwert für die Vorschubgeschwindigkeit mit 60 mm/min angegeben, so kann in günstigen Fällen die Vorschubgeschwindigkeit auf 75 oder 95 mm/min erhöht werden; bei unstarrer Aufspannung soll sie dagegen auf 48 oder 38 mm/min herabgesetzt werden.

Bei größeren Spantiefen kann es zweckmäßiger sein, zwei oder mehrere flache Schnitte mit entsprechend höheren Vorschüben anstatt eines tiefen Schnittes mit geringerem Vorschub zu nehmen, weil dann die Spanleistung größer, dagegen die Beanspruchung von Maschine und Werkzeug geringer ist.

Soweit es die Form des Werkstückes zuläßt, werden für das Fräsen von Flächen vorteilhafter Stirnfräser und Messerköpfe verwendet; sie ergeben gegenüber Walzenfräsern bessere Oberflächen.

In den Berechnungstafeln sind für mehrere Fräsbreiten Vorschubwerte, die den üblichen Fräserbreiten angepaßt sind, angegeben. Auf gute Kühlung und Schmierung *) mit Schneidöl oder Kühlöl (Bohrwasser-Emulsion) ist zu achten; Gußeisen, Temperguß und Magnesiumlegierungen werden trocken gefräst.

Beim Vorschruppen (in den Richtwerttafeln kurz Schruppen genannt) ist der Vorschub so zu wählen, daß ein möglichst schnelles Arbeiten einerseits und lange Standzeit des Werkzeuges andererseits erreicht werden. Diese Vorschubwerte sind Grenzwerte für die Werkzeugbeanspruchung oder, soweit sie mit * versehen sind, für die Maschinenleistung. Dem Vorschruppen folgt in der Regel ein weiterer Fräsvorgang: das Schlichten.

Beim Fertigschruppen und beim Schlichten wird in erster Linie auf die Oberflächengüte Wert gelegt; dabei sind die Anforderungen, die an die *fertig geschruppte* Fläche hinsichtlich ihres Aussehens und ihrer Ebenheit gestellt werden, geringer als die Anforderungen an eine *geschlichtete* Fläche.

Jeder Fräser schlägt beim Arbeiten, auch wenn er ganz sorgfältig geschliffen ist; es läßt sich daher nicht vermeiden, daß je Umdrehung ein Fräserzahn einen besonders dicken Span abnimmt und eine entsprechende Vertiefung auf dem Werkstück zurückläßt. Diese Vertiefungen, die je Umdrehung sich wiederholen, bilden ein Maß für die Oberflächengüte. Die in der Tafel Fräs 15 angegebenen Vorschübe/Umdrehung wurden den Vorschubgeschwindigkeiten für Schlichten und Fertigschruppen in den Berechnungstafeln zugrunde gelegt. Die Zahlen können nur als Richtwerte gelten und müssen den vorliegenden Verhältnissen von Fall zu Fall angepaßt werden. Die unteren Grenzwerte entsprechen Fräsern mit kleinen Durchmessern und dünnen Dornen oder Aufnahmen, die oberen Grenzwerte Fräsern mit großen Durchmessern und kräftigen Aufnahmen, die hauptsächlich bei großen Fräsmaschinen (Maschinengruppe C) verwendet werden können.

---

*) Vgl. Betriebsblatt AWF 37 Kühlen und Schmieren bei der Metallbearbeitung.

Werkstoff	Arbeitsvorgang	Walzenfräser	Walzenstirnfräser	Scheibenfräser	Messerkopf
Stahl	Schlichten	0,5 ... 0,8	0,5 ... 0,6	0,3 ... 0,6	1 ... 1,3
	Fertigschruppen	0,8 ... 1,6	0,8 ... 1	—	1,3 ... 3
Gußeisen	Schlichten	0,6 ... 1	0,6 ... 0,8	0,4 ... 0,8	1,8 ... 3
	Fertigschruppen	1,6 ... 2,5	1 ... 1,3	—	3,9 ... 4,7
Rein-Aluminium	Schlichten	—	—	0,2 ... 0,3	0,2 ... 0,3
	Fertigschruppen	—	0,2 ... 0,3	—	0,4 ... 0,6
ausgehärtete Aluminium-Legierungen	Schlichten	—	—	0,2 ... 0,3	0,3 ... 0,4
	Fertigschruppen	—	0,2 ... 0,3	—	0,6 ... 0,9
Aluminiumguß-Legierungen	Schlichten	—	—	0,2 ... 0,3	0,3 ... 0,4
	Fertigschruppen	—	0,3 ... 0,4	—	0,5 ... 0,7
Magnesium-Legierungen	Schlichten	—	—	0,2 ... 0,3	0,2 ... 0,3
	Fertigschruppen	—	0,2 ... 0,3	—	0,4 ... 0,6
Messing	Schlichten	—	0,8 ... 1	0,5 ... 0,7	0,9 ... 1,1
	Fertigschruppen	—	1,3 ... 1,6	0,6 ... 0,8	1,2 ... 2,4

Fräs 15. Vorschubrichtwerte in mm je Fräserumlauf für Schlichten und Fertigschruppen

c) Berechnungstafeln mit Richtwerten für Vorschub und Schnittgeschwindigkeiten

Werkstoff	Brinell-Härte / Festigkeit	Schnittgeschw. v in m/min: Schlichten	Schnittgeschw. v in m/min: Schruppen	Schnitttiefe a in mm	A: bis 700×250, 2,5 kW — 50	A — 100	B: bis 1200×355, 5 kW — 50	B — 100	B — 150	C: bis 1600×400, 7,5 kW — 50	C — 100	C — 150	Fläche erzeugt durch:
					Vorschübe in mm/min für eine **Fräsbreite b** in mm								
VCN 35 vergütet VCMo 140	290/100 290/100	14		0,5	38	38	38	38	38	38	38	38	schlichten
			11	3	38	38	48	48	48	48	48	48	fertigschrupp.
					60	48	75	60	48	95	75	60	schruppen
			11	5	48	38	60	48	38	75	60	48	schruppen
			9	8	–	–	38	30	24	48	38	30	schruppen
VCN 25 VCMo 125 ECN 25 ECMo 100 St 70.11 Stg 52.81	220/75 220/75 220/75 /52	18		0,5	48	48	48	48	48	48	48	48	schlichten
			14	3	60	60	75	75	75	75	75	75	fertigschrupp.
					95	75	118	95	75	150	118	95	schruppen
			14	5	75	60*	95	75	60	118	95	75	schruppen
			11	8	–	–	60	48	38*	75	60	48	schruppen
StC 45.61 St 60.11 St 50.11 Te 38.92	180/65 170/60 140/50 150/38	22		0,5	60	60	60	60	60	60	60	60	schlichten
			18	3	75	75	95	95	95	95	95	95	fertigschrupp.
					118	95	150	118	95	190	150	118	schruppen
			18	5	95	75*	118	95	75	150	118	95	schruppen
			14	8	–	–	75	60	48*	95	75	60	schruppen
Ge 18.91	170/18	18		0,5	60	60	60	60	60	60	60	60	schlichten
			14	3	95	95	118	118	118	118	118	118	fertigschrupp.
					150	118	190	150	118	236	190	150	schruppen
			14	5	118	95	150	118	95	190	150	118	schruppen
			11	8	–	–	95	75	60	118	95	75	schruppen

Fräs 16. Richtwerte für Vorschübe und Schnittgeschwindigkeiten beim Fräsen von Stahl und Gußeisen mit SS-Walzenfräsern
Schlichten, Fertigschruppen, Schruppen

Voraussetzung: Starre Einspannung des Werkstückes, kräftiger Fräsdorn, guter Rundlauf des Fräsers, zweckmäßige Kühlung. Fräser so einspannen, daß Axialdruck auf Spindellager gerichtet ist.
Zuschlagwerte für An- und Überlauf: Fräs 11, Fall I

Werkstoff	Brinell-Härte Festigkeit	Schnittgeschw. v in m/min Schlichten	Schnittgeschw. v in m/min Schruppen	Schnittiefe a in mm	Maschinen-Gruppe A, Aufspannfläche d. Tisches bis 700×250, Antriebleistung 2,5 kW		Maschinen-Gruppe B, bis 1200×355, 5 kW			Maschinen-Gruppe C, bis 1600×400, 7,5 kW			Fläche erzeugt durch:
					Vorschübe in mm/min für eine Fräsbreite b in mm								
					30	60	30	60	100	30	60	100	
VCN 35 vergütet VCMo 140	290/100 290/100	14		0,5	60	48	60	48	38	60	48	38	schlichten
			11	3	75	60	75	60	48	75	60	48	fertig schrupp.
					75	60	95	75	60	118	95	75	schruppen
			11	5	60	48	75	60	48	95	75	60	schruppen
			9	8	—	—	48	38	30	60	48	38	schruppen
VCN 25 VCMo 125 ECN 25 ECMo 100 St 70.11 Stg 52.81	220/75 220/75 220/75 /52	18		0,5	75	60	75	60	48	75	60	48	schlichten
			14	3	95	75	95	75	60	95	75	60	fertig schrupp.
					118	95	150	118	95	190	150	118	schruppen
			14	5	95	75	118	95	75	150	118	95	schruppen
			11	8	—	—	75	60	48	95	75	60	schruppen
StC 45.61 St 60.11 St 50.11 Te 38.92	180/65 170/60 140/50 150/38	22		0,5	95	75	95	75	60	95	75	60	schlichten
			18	3	118	95	118	95	75	118	95	75	fertig schrupp.
					150	118	190	150	118	236	190	150	schruppen
			18	5	118	95	150	118	95	190	150	118	schruppen
			14	8	—	—	95	75	60	118	95	75	schruppen
Ge 18.91	170/18	18		0,5	95	75	95	75	60	95	75	60	schlichten
			14	3	118	95	118	95	75	118	95	75	fertig schrupp.
					190	150	236	190	150	300	236	190	schruppen
			14	5	150	118	190	150	118	236	190	150	schruppen
			11	8	—	—	118	95	75	150	118	95	schruppen

Fräs 17. Richtwerte für Vorschübe und Schnittgeschwindigkeiten beim Fräsen von Stahl und Gußeisen mit SS-Walzenstirnfräsern
Schlichten, Fertigschruppen, Schruppen

Voraussetzung: Starre Einspannung, kurzer kräftiger Fräsdorn, zweckmäßige Kühlung. Zuschlagwerte für An- und Überlauf: Fräs 12, Fall I bis III

Werkstoff	Brinell-Härte Festigkeit	Schnittgeschw. v in m/min Schlichten	Schnittgeschw. v in m/min Schruppen	Schnitttiefe a in mm	Maschinen-Gruppe A: Aufspannfläche d. Tisches bis 700×250, Antriebleistung 2,5kW — Vorschübe in mm/min für eine Fräsbreite b in mm: 50	70	B: bis 1200×355, 5kW — 50	70	90	C: bis 1600×400, 7,5kW — 70	90	120	Fläche erzeugt durch:
Reinaluminium DIN 1712 zähe Al-Leg. DIN 1713 z.B. Al-Mg 3	35/14 60/25	280		0,5	150	118	150	118	95	118	95	75	schlichten
			220	3	300	236	375	300	236	375	300	236	schruppen
			220	5	236	190	300	236	190	300	236	190	schruppen
			220	8	–	–	190	150	118	190	150	118	schruppen
ausgehärtete Al-Leg. DIN 1713 z.B. Al-Cu-Mg	120/42	220		0,5	118	95	118	95	75	95	75	60	schlichten
			180	3	236	190	300	236	190	300	236	190	schruppen
			180	5	190	150	236	190	150	236	190	150	schruppen
			180	8	–	–	150	118	95	150	118	95	schruppen
Al-Gußleg. DIN 1713 z.B. G.Al-Si-Mg	80/25	180		0,5	95	75	95	75	60	75	60	48	schlichten
			140	3	190	150	236	190	150	236	190	150	schruppen
			140	5	150	118	190	150	118	190	150	118	schruppen
			140	8	–	–	118	95	75	118	95	75	schruppen
Magnesiumleg. DIN E 1717 z.B. Mg-Al-Leg. spröde Al-Sonder-Leg. (Automatenleg.)	65/33 95/40	355		0,5	190	150	190	150	118	150	118	95	schlichten
			280	3	375	300	475	375	300	475	375	300	schruppen
			280	5	300	236	375	300	236	375	300	236	schruppen
			280	8	–	–	236	190	150	236	190	150	schruppen
Ms 58	70/15	56		0,5	190	150	190	150	118	150	118	95	schlichten
			36	3	236	190	300	236	190	300	236	190	schruppen
			36	5	190	150	236	190	150	236	190	150	schruppen
			36	8	–	–	150	118	95	150	118	95	schruppen

Fräs 18. Richtwerte für Vorschübe und Schnittgeschwindigkeiten beim Fräsen von Leichtmetallen und Messing mit S S - W a l z e n s t i r n f r ä s e r n *Schlichten, Schruppen*

Voraussetzung: Starre Einspannung, kurzer kräftiger Fräsdorn, zweckmäßige Kühlung. **Zuschlagwerte für An- und Überlauf:** Fräs 12, Fall I bis III

Werkstoff	Brinell-Härte Festigkeit	Schnittgeschw. v in m/min Fertig-schruppen	Schnitttiefe a in mm	Maschinen-Gruppe A, Aufspannfläche d. Tisches bis 700×250, Antriebleistung 2,5 kW		Maschinen-Gruppe B, Aufspannfläche d. Tisches bis 1200×355, Antriebleistung 5 kW			Maschinen-Gruppe C, Aufspannfläche d. Tisches bis 1600×400, Antriebleistung 7,5 kW			Fläche erzeugt durch:
				Vorschübe in mm/min für eine Fräsbreite b in mm								
				50	70	50	70	90	70	90	120	
Reinaluminium DIN 1712 zähe Al-Leg. DIN 1713 z.B. Al-Mg 3	35/14 60/25	220	bis 3	190	150	236	190	150	236	190	150	fertig schruppen
			5	150	118	190	150	118	190	150	118	
			8	–	–	118	95	75	118	95	75	
ausgehärtete Al-Leg. DIN 1713 z.B. Al-Cu-Mg	120/42	180	bis 3	150	118	190	150	118	190	150	118	fertig schruppen
			5	118	95	150	118	95	150	118	95	
			8	–	–	95	75	60	95	75	60	
Al-Gußleg. DIN 1713 z.B. G.Al-Si-Mg	80/25	140	bis 3	118	95	150	118	95	150	118	95	fertig schruppen
			5	95	75	118	95	75	118	95	75	
			8	–	–	75	60	48	75	60	48	
Magnesiumleg. DIN E 1717 z.B. Mg-Al-Leg. spröde Al-Sonder-Leg. (Automatenleg.)	65/33 95/40	280	bis 3	236	190	300	236	190	300	236	190	fertig schruppen
			5	190	150	236	190	150	236	190	150	
			8	–	–	150	118	95	150	118	95	
Ms 58	70/15	36	bis 3	190	150	236	190	150	236	190	150	fertig schruppen
			5	150	118	190	150	118	190	150	118	
			8	–	–	118	95	75	118	95	75	

Fräs 19. **Richtwerte für Vorschübe und Schnittgeschwindigkeiten beim Fräsen von Leichtmetallen und Messing mit SS-Walzenstirnfräsern** *Fertigschruppen*

Voraussetzung: Starre Einspannung, kurzer kräftiger Frässdorn, zweckmäßige Kühlung. Zuschlagwerte für An- und Überlauf: Fräs 12, Fall III (Schlichten).

Werkstoff	Brinell-Härte Festigkeit	Schnittgeschw. v in m/min: Schlichten	Schnittgeschw. v in m/min: Schruppen	Schnitttiefe a in mm	Maschinen-Gruppe A, Aufspannfläche d. Tisches bis 700×250, Antriebleistung 2,5 kW	B, bis 1200×355, 5 kW		C, bis 1600×400, 7,5 kW		Fläche erzeugt durch:
					Vorschübe in mm/min für eine Fräsbreite b in mm: 130	180	220	220	280	
VCN 35 vergütet	290/100	19		0,5	38	30	24	30	24	schlichten
VCMo 140	290/100		15	3	48	38	30	38	30	fertigschrupp.
			15	3	48	48	48	60	48	schruppen
			15	5	38*	30	24	30	24	fertigschrupp.
			15	5	38*	38	38	48	38	schruppen
			11	8	–	24	19	24	19	fertigschrupp.
			11	8	–	24	24	30	24	schruppen
VCN 25 VCMo 125	220/75	24		0,5	48	38	30	38	30	schlichten
ECN 25 ECMo 100	220/75		15	3	60	60	48	60	48	fertigschrupp.
St 70.11	220/75		15	3	75*	75	75	95	75	schruppen
Stg 52.81	/52		15	5	48*	48	38	48	38	fertigschrupp.
			15	5	48*	60	60*	75	60	schruppen
			11	8	–	38	30	38	30	fertigschrupp.
			11	8	–	38	38*	48	38	schruppen
StC 45.61	180/65	30		0,5	60	48	38	48	38	schlichten
St 60.11	170/60		19	3	75	75	60	75	60	fertigschrupp.
St 50.11	140/50		19	3	95*	95	95	118	95	schruppen
Te 38.92	150/38		19	5	60*	60	48	60	48	fertigschrupp.
			19	5	60*	75	75*	95	75	schruppen
			15	8	–	48	38	48	38	fertigschrupp.
			15	8	–	48	48*	60	48	schruppen
Ge 18.91	170/18	24		0,5	75	95	75	95	75	schlichten
			15	3	118	95	75	95	75	fertigschrupp.
			15	3	118	118	118	150	118	schruppen
			15	5	95*	75	60	75	60	fertigschrupp.
			15	5	95*	95	95*	118	95	schruppen
			11	8	–	60	48	60	48	fertigschrupp.
			11	8	–	60	60*	75	60	schruppen

Fräs 20. Richtwerte für Vorschübe und Schnittgeschwindigkeiten beim Fräsen von Stahl und Gußeisen mit Messerköpfen, Messer aus SS-Stahl
Schlichten, Fertigschruppen, Schruppen

Voraussetzung: Starre Einspannung, sichere Aufnahme des Messerkopfes, Messer möglichst kurz einspannen, zweckmäßige Kühlung.

Zuschlagwerte für An- und Überlauf: Fräs 12, Fall I bis III. Für Fertigschruppen sind die gleichen Werte wie für Schlichten (Fall III) zu wählen

Maschinen-Gruppe					A	B		C		Fläche erzeugt durch:
Aufspannfläche d. Tisches					bis 700×250	bis 1200×355		bis 1600×400		
Antriebleistung					2,5 kW	5 kW		7,5 kW		
		Schnittgeschw. v in m/min			Vorschübe in mm/min für eine **Fräsbreite** b in mm					
Werkstoff	Brinell-Härte Festigkeit	Schlichten	Schruppen	Schnitttiefe a in mm	**130**	**180**	**220**	**220**	**280**	
Reinaluminium DIN 1712	35/14	355		0,5	118	95	75	95	75	schlichten
			280	3	236	190	150	190	150	fertigschrupp.
					375	375	375	475	375	schruppen
zähe Al-Leg. DIN 1713 z.B. Al-Mg 3	60/25		280	5	190	150	118	150	118	fertigschrupp.
					300	300	300	375	300	schruppen
			280	8	118	95	75	95	75	fertigschrupp.
					190	190	190	236	190	schruppen
ausgehärtete Al-Leg. DIN 1713 z.B. Al-Cu-Mg	120/42	280		0,5	95	75	60	75	60	schlichten
			220	3	190	150	118	150	118	fertigschrupp.
					300	300	300	375	300	schruppen
			220	5	150	118	95	118	95	fertigschrupp.
					236	236	236	300	236	schruppen
			220	8	95	75	60	75	60	fertigschrupp.
					150	150	150	190	150	schruppen
Al-Gußleg. DIN 1713 z.B. G.Al-Si-Mg	80/25	220		0,5	75	60	48	60	48	schlichten
			180	3	150	118	95	118	95	fertigschrupp.
					236	236	236	300	236	schruppen
			180	5	118	95	75	95	75	fertigschrupp.
					190	190	190	236	190	schruppen
			180	8	75	60	48	60	48	fertigschrupp.
					118	118	118	150	118	schruppen
Magnesiumleg. DIN E 1717 z.B. Mg-Al-Leg.	65/33	450		0,5	150	118	95	118	95	schlichten
			355	3	300	236	190	236	190	fertigschrupp.
					475	475	475	600	475	schruppen
spröde Al-Sonder-Leg. (Automatenleg.)	95/40		355	5	236	190	150	190	150	fertigschrupp.
					375	375	375	475	375	schruppen
			355	8	150	118	95	118	95	fertigschrupp.
					236	236	236	300	236	schruppen
Ms 58	70/15	82		0,5	150	118	95	118	95	schlichten
			48	3	190	150	118	150	118	fertigschrupp.
					236	236	236	300	236	schruppen
			48	5	150	118	95	118	95	fertigschrupp.
					190	190	190	236	190	schruppen
			48	8	118	95	75	95	75	fertigschrupp.
					118	118	118	150	118	schruppen

Fräs 21. **Richtwerte für Vorschübe und Schnittgeschwindigkeiten beim Fräsen von Leichtmetallen und Messing mit Messerköpfen, Messer aus SS-Stahl** ***Schlichten, Fertigschruppen, Schruppen***

Voraussetzung: Starre Einspannung, sichere Aufnahme des Messerkopfes, Messer möglichst kurz einspannen, Messerkopf gut auswuchten, zweckmäßige Kühlung.
Zuschlagwerte für An- und Überlauf: Fräs 12, Fall I bis III. Für Fertigschruppen sind die gleichen Werte wie für Schlichten (Fall III) zu wählen

	Maschinen-Gruppe				A	B		C		Fläche erzeu durc:
	Aufspannfläche d. Tisches				bis 700×250	bis 1200×355		bis 1600×400		
	Antriebleistung				2,5 kW	5 kW		7,5 kW		
		Schnittgeschw. v in m/min			Vorschübe in mm/min für eine Fräsbreite b in mm					
Werkstoff	Brinell-Härte Festigkeit	Schlichten	Schruppen	Schnitttiefe a in mm	130	180	220	220	280	
Ge 18.91	170/18	75		0,5	150	190	150	150	118	schlichten
			65	3	118	150	118	150	118	schruppen
			65	5	—	118	95	118	95	
			50	8	—	—	—	75	75	

Fräs 22. Richtwerte für Vorschübe und Schnittgeschwindigkeiten beim Fräsen von Gußeisen mit Messerköpfen mit Hartmetallschneiden *Schlichten, Schruppen*

Zusätzliche Bemerkung: Zuschlagwerte für An- und Überlauf: Fräs 12, Fall II (Schruppen) und III (Schlichten)

Mit Hartmetallmesserköpfen kann nur dann wirtschaftlich gearbeitet werden, wenn die nachstehend aufgeführten Bedingungen beachtet werden:

1. Die Fräsmaschine muß den hohen Anforderungen hinsichtlich Starrheit, Antriebleistung, Spindellagerung und Spindeldrehzahl entsprechen.
2. Der Messerkopf muß schlagfrei und möglichst dicht an der Spindellagerung, vorteilhaft unmittelbar auf der Spindel, befestigt werden. Die Messer sind fest und mit kurzer Ausladung einzuspannen.
3. Das Anschneiden des Messerkopfes hat bei voller Schnittgeschwindigkeit zu erfolgen.
4. Soll der Fräsvorgang mitten im Schnitt unterbrochen werden, so ist stets zuerst der Vorschub abzuschalten. Dann muß bei laufendem Messerkopf der Tisch mit Werkstück in die Ausgangsstellung zurückgefahren oder zurückgekurbelt werden. Erst wenn die Messer frei vom Werkstück sind, darf die Frässpindel stillgesetzt werden.
5. Große Spantiefen, etwa über 5 mm, werden zweckmäßig unterteilt. Es ist beispielsweise besser, zwei Späne von je 5 mm Tiefe zu nehmen, als einen Span von 10 mm Tiefe.
6. Bei außergewöhnlich hartem Guß empfiehlt es sich, mit der Vorschub- und Schnittgeschwindigkeit herunterzugehen.
7. Auch wenn nur einzelne Messer ausgetauscht sind, ist es erforderlich, alle Messer des Messerkopfes nachzuschleifen, damit sie gleichmäßig schneiden.
8. Hartmetallschneiden sind empfindlich gegen schlagartige Beanspruchung. Es ist daher ratsam, den Messerkopf nicht auf Mitte, sondern seitlich gemäß Fräs 12 Fall 2 anzustellen, um kommaförmige Späne abzunehmen.
9. Die oben angegebenen Vorschubgeschwindigkeiten stellen mittlere Richtwerte dar, die in erster Linie mit Rücksicht auf lange Standzeit festgelegt sind. Die Werte müssen von Fall zu Fall den Betriebsverhältnissen angepaßt werden

Maschinen-Gruppe					A			B			C			Fläche erzeugt durch:
Aufspannfläche d. Tisches					bis 700×250			bis 1200×355			bis 1600×400			
Antriebleistung					2,5 kW			5 kW			7,5 kW			
Werkstoff	Brinell-Härte Festigkeit	Schnittgeschw. v in m/min Fertigschruppen	Schnittgeschw. v in m/min Schruppen	Schnitttiefe a in mm	Vorschübe in mm/min für eine Fräsbreite b in mm: 8	14	20	14	20	26	20	26	32	
VCN 35 vergütet VCMo 140	290/100 290/100	14		5	30	24	19	30	24	19	30	24	19	fertig schrupp.
			11		75	60	48	75	60	48	75	60	48	schruppen
		14		10	30	24	19	30	24	19	30	24	19	fertig schrupp.
			11		60	48	38	60	48	38	60	48	38	schruppen
		14		20	24	19	15	24	19	15	24	19	15	fertig schrupp.
			9		48	38	30	48	38	30	48	38	30	schruppen
		14		40	–	–	–	15	12	9	15	12	9	fertig schrupp.
			9		–	–	–	24	19	15	24	19	15	schruppen
VCN 25 VCMo 125 ECN 25 ECMo 100 St 70.11 Stg 52.81	220/75 220/75 220/75 /52	18		5	38	30	24	38	30	24	38	30	24	fertig schrupp.
			14		118	95	75	118	95	75	118	95	75	schruppen
		18		10	38	30	24	38	30	24	38	30	24	fertig schrupp.
			14		95	75	60	95	75	60	95	75	60	schruppen
		18		20	30	24	19	30	24	19	30	24	19	fertig schrupp.
			11		75	60	48	75	60	48	75	60	48	schruppen
		18		40	–	–	–	19	15	12	19	15	12	fertig schrupp.
			11		–	–	–	38	30	24	38	30	24	schruppen
StC 45.61 St 60.11 St 50.11 Te 38.92	180/65 170/60 140/50 150/38	22		5	48	38	30	48	38	30	48	38	30	fertig schrupp.
			18		150	118	95	150	118	95	150	118	95	schruppen
		22		10	48	38	30	48	38	30	48	38	30	fertig schrupp.
			18		118	95	75	118	95	75	118	95	75	schruppen
		22		20	38	30	24	38	30	24	38	30	24	fertig schrupp.
			14		95	75	60	95	75	60	95	75	60	schruppen
		22		40	–	–	–	24	19	15	24	19	15	fertig schrupp.
			14		–	–	–	48	38	30	48	38	30	schruppen
Ge 18.91	170/18	18		5	48	38	30	48	38	30	48	38	30	fertig schrupp.
			14		190	150	118	190	150	118	190	150	118	schruppen
		18		10	48	38	30	48	38	30	48	38	30	fertig schrupp.
			14		150	118	95	150	118	95	150	118	95	schruppen
		18		20	38	30	24	38	30	24	38	30	24	fertig schrupp.
			11		118	95	75	118	95	75	118	95	75	schruppen
		18		40	–	–	–	24	19	15	24	19	15	fertig schrupp.
			11		–	–	–	60	48	38	60	48	38	schruppen

Fräs 23. Richtwerte für Vorschübe und Schnittgeschwindigkeiten beim Fräsen von Stahl und Gußeisen mit SS-Scheibenfräsern *Fertigschruppen, Schruppen*

Voraussetzung: Starre Einspannung, kräftiger Frädorn, zweckmäßige Kühlung. Zuschlagwerte für An- und Überlauf: Fräs 11, für Fertigschruppen sind die gleichen Werte wie für Schlichten zu wählen.

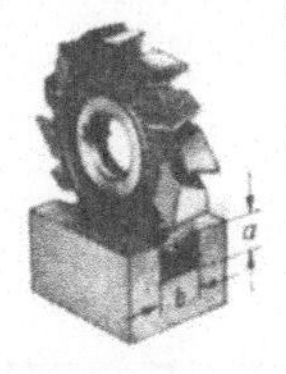

Werkstoff	Brinell-Härte Festigkeit	Schnittgeschw. v in m/min Fertig-schruppen	Schnittgeschw. v in m/min Schruppen	Schnittiefe a in mm	Maschinen-Gruppe A, Aufspannfläche d. Tisches bis 700×250, Antriebleistung 2,5 kW			Maschinen-Gruppe B, Aufspannfläche d. Tisches bis 1200×355, Antriebleistung 5 kW			Maschinen-Gruppe C, Aufspannfläche d. Tisches bis 1600×400, Antriebleistung 7,5 kW			Fläche erzeugt durch:
					Vorschübe in mm/min für eine Fräsbreite b in mm									
					8	14	20	14	20	26	20	26	32	
Reinaluminium DIN 1712	35/14	280		5	150	118	95	150	118	95	150	118	95	fertigschrupp.
			220		375	300	236	375	300	236	375	300	236	schruppen
		280		10	150	118	95	150	118	95	150	118	95	fertigschrupp.
			220		300	236	190	300	236	190	300	236	190	schruppen
zähe Al-Leg. DIN 1713 z.B. Al-Mg 3	60/25	280		20	118	95	75	118	95	75	118	95	75	fertigschrupp.
			220		236	190	150	236	190	150	236	190	150	schruppen
		280		40	—	—	—	75	60	48	75	60	48	fertigschrupp.
			220		—	—	—	150	118	95	150	118	95	schruppen
ausgehärtete Al-Leg DIN 1713 z.B. Al-Cu-Mg	120/42	220		5	118	95	75	118	95	75	118	95	75	fertigschrupp.
			180		300	236	190	300	236	190	300	236	190	schruppen
		220		10	118	95	75	118	95	75	118	95	75	fertigschrupp.
			180		236	190	150	236	190	150	236	190	150	schruppen
		220		20	95	75	60	95	75	60	95	75	60	fertigschrupp.
			180		190	150	118	190	150	118	190	150	118	schruppen
		220		40	—	—	—	60	48	38	60	48	38	fertigschrupp.
			180		—	—	—	118	95	75	118	95	75	schruppen
Al-Gußleg. DIN 1713 z.B. G. Al-Si-Mg	80/25	180		5	95	75	60	95	75	60	95	75	60	fertigschrupp.
			140		236	190	150	236	190	150	236	190	150	schruppen
		180		10	95	75	60	95	75	60	95	75	60	fertigschrupp.
			140		190	150	118	190	150	118	190	150	118	schruppen
		180		20	75	60	48	75	60	48	75	60	48	fertigschrupp.
			140		150	118	95	150	118	95	150	118	95	schruppen
		180		40	—	—	—	48	38	30	48	38	30	fertigschrupp.
			140		—	—	—	95	75	60	95	75	60	schruppen
Magnesiumleg. DIN E 1717 z.B. Mg-Al-Leg.	65/33	350		5	190	150	118	190	150	118	190	150	118	fertigschrupp.
			280		475	375	300	475	375	300	475	375	300	schruppen
		350		10	190	150	118	190	150	118	190	150	118	fertigschrupp.
			280		375	300	236	375	300	236	375	300	236	schruppen
spröde Al-Sonder-Leg. (Automatenleg.)	95/40	350		20	150	118	95	150	118	95	150	118	95	fertigschrupp.
			280		300	236	190	300	236	190	300	236	190	schruppen
		350		40	—	—	—	95	75	60	95	75	60	fertigschrupp.
			280		—	—	—	190	150	118	190	150	118	schruppen
Ms 58	70/15	56		5	95	75	60	95	75	60	95	75	60	fertigschrupp.
			36		236	190	150	236	190	150	236	190	150	schruppen
		56		10	95	75	60	95	75	60	95	75	60	fertigschrupp.
			36		190	150	118	190	150	118	190	150	118	schruppen
		56		20	75	60	48	75	60	48	75	60	48	fertigschrupp.
			36		150	118	95	150	118	95	150	118	95	schruppen
		56		40	—	—	—	48	38	30	48	38	30	fertigschrupp.
			36		—	—	—	95	75	60	95	75	60	schruppen

Fräs 24. Richtwerte für Vorschübe und Schnittgeschwindigkeiten beim Fräsen von Leichtmetallen und Messing mit SS-Scheibenfräsern *Fertigschruppen, Schruppen*

Voraussetzung: Starre Einspannung, kräftiger Fräsdorn, zweckmäßige Kühlung. Zuschlagwerte für An- und Überlauf: Fräs 11, für Fertigschruppen sind die gleichen Werte wie für Schlichten zu wählen.

Werkstoff	Brinell-Härte Festigkeit	Schnittgeschwind. v in m/min	Schnittiefe a in mm	Sägendurchmesser D in mm: 60				100				150			
				Vorschübe in mm/min bei einer Sägenbreite b in mm											
				0,5	1	2	3	1,5	2,5	3,5	5	2	3	4	5
VCN 25, VCMo 125 ECN 25, ECMo 100 St 70.11 Stg 52.81	220/75 220/75 220/75 /52	45	5	19	24	30	30	30	38	48	60	30	38	48	48
			10	15	19	24	24	24	30	38	48	24	30	38	38
StC 45.61 St 60.11 St 50.11 Te 38.92	180/65 170/60 140/50 150/38	55	5	24	30	38	38	38	48	60	75	38	48	60	60
			10	19	24	30	30	30	38	48	60	30	38	48	48
Ge 18.91	170/18	45	5	30	38	48	48	48	60	75	95	48	60	75	75
			10	24	30	38	38	38	48	60	75	38	48	60	60

Fräs 25. Richtwerte für Vorschübe und Schnittgeschwindigkeiten beim Sägen (Schlitzen) von Stahl und Gußeisen mit feinverzahnten SS-Kreissägen DIN 135 für feine Schnitte, geringe Schnittiefe.

Zweckmäßige Kühlung. Zuschlagwerte für An- und Überlauf: Fräs 11, Fall I.

Werkstoff	Brinell-Härte Festigkeit	Schnittgeschwind. v in m/min	Schnittiefe a in mm	Sägendurchmesser D in mm: 80 — Vorschübe in mm/min bei einer Sägenbreite b in mm: 1	80: 2	80: 3	125: 1,5	125: 2,5	125: 3,5	175: 2	175: 3	175: 4	175: 5
VCN 25, VCMo 125	220/75	40	5	30	38	48	38	48	60	38	48	60	60
ECN 25, ECMo 100	220/75		10	24	30	38	30	38	48	30	38	48	48
St 70.11	220/75												
Stg 52.81	/52		25	–	–	–	15	19	24	15	19	24	24
StC 45.61	180/65	50	5	38	48	60	48	60	75	48	60	75	75
St 60.11	170/60		10	30	38	48	38	48	60	38	48	60	60
St 50.11	140/50												
Te 38.12	150/38		25	–	–	–	19	24	30	19	24	30	30
Ge 18.91	170/18	35	5	48	60	75	60	75	95	60	75	95	95
			10	38	48	60	48	60	75	48	60	75	75
		30	25	–	–	–	24	30	38	24	30	38	38

Fräs 26. Richtwerte für Vorschübe und Schnittgeschwindigkeiten beim Sägen von Stahl und Gußeisen mit mittelverzahnten SS-Kreissägen DIN 136 für mittlere Schnitte $l > 2a$, mittlere Schnittiefe. Für Stahl Drehstahlverzahnung.

Zweckmäßige Kühlung. Zuschlagwerte für An- und Überlauf: Fräs 11, Fall I.

Werkstoff	Brinell-Härte Festigkeit	Schnittgeschwind. v in m/min	Schnittiefe a in mm	Sägendurchmesser D in mm: 100			150			200			
				Vorschübe in mm/min bei einer Sägenbreite b in mm									
				1	2	3	1,5	2,5	3,5	2	3	4	5
VCN25, VCMo 125 ECN25, ECMo 100 St 70.11	220/75 220/75 220/75	35	25	15	30	38	24	30	38	24	30	38	30
			50	–	–	–	–	19	24	15	19	24	19
Stg 52.81	/52	30	75	–	–	–	–	–	–	–	12	15	15
StC 45.61 St 60.11 St 50.11	180/65 170/60 140/50	45	25	19	38	48	30	38	48	30	38	48	38
			50	–	–	–	–	24	30	19	24	30	24
Te 38.92	150/38	40	75	–	–	–	–	–	–	–	15	19	15
Ge 18.91	170/18	35	25	24	48	60	38	48	60	38	48	60	48
			50	–	–	–	–	30	38	24	30	38	30
		30	75	–	–	–	–	–	–	–	19	24	19

Fräs 27. Richtwerte für Vorschübe und Schnittgeschwindigkeiten beim Sägen (Trennen) von Stahl und Gußeisen mit grobverzahnten SS-Kreissägen für schwere Schnitte, $l \leqq 2a$, größere Schnittiefe. Für Stahl Drehstahlverzahnung.

Zweckmäßige Kühlung. Zuschlagwerte für An- und Überlauf: Fräs 11, Fall I.

Werkstoff	Brinell-Härte Festigkeit	Schnittgeschwindigk. v in m/min: Schlichten a = 0,5	Schnittgeschwindigk. v in m/min: Schruppen a = r	Vorschübe in mm/min für einen Profilradius r in mm: 2,5 bis 4	4,5 bis 8	8,5 bis 11	12 bis 14	15 bis 20
Maschinen-Gruppe				A		B und C		
Aufspannfläche des Tisches				700×250 mm		1200×355 bezw. 1600×400 mm		
Antriebleistung				2,5 kW		5 kW bezw. 7,5 kW		
Leg Werkzeugstahl		14	–	24	19	15	12	12
		–	11	48	38	30	24	24
St 60. 11 St 50. 11 Te 38. 92	170/60 140/50 150/38	18	–	30	24	19	15	15
		–	14	60	48	38	30	30
Ge 18. 91	170/18	18	–	38	30	24	19	19
		–	14	75	60	48	38	38

Fräs 28. Richtwerte für Vorschübe und Schnittgeschwindigkeiten beim Fräsen von Stahl und Gußeisen mit hinterdrehten Radiusfräsern.
Schlichten, Schruppen
Zweckmäßige Kühlung. Zuschlagwerte für An- und Überlauf: Fräs 11, Fall I und II

Zu beachten ist ferner:

Formfräser stellen an die Schwingungsfreiheit der Fräsmaschinen außerordentliche Anforderungen. Um das gefürchtete Rattern herabzumindern, sollten alle Formfräser eine geringe Spirale und einen Spanwinkel von etwa 6° aufweisen. Durch den positiven Spanwinkel wird ein wesentlich ruhigeres Arbeiten des Fräsers und durch den Drall ein dem Schälschnitt ähnliches Anschneiden der Zähne bewirkt, wobei eine geringe Profilverzerrung in Kauf genommen werden muß.

Bei Verwendung eines Formfräsersatzes sollen ebenfalls die Fräser so versetzt angeordnet werden, daß keinesfalls alle oder mehrere Zähne gleichzeitig zum Eingriff kommen.

Verwendung eines starken Fräsdornes und dessen sorgfältige, mehrfache Abstützung wirken ebenfalls der Geräuschbildung entgegen.

Schließlich kann man auch auftretende Schwingungen durch Verändern von Vorschub und Schnittgeschwindigkeit vermindern, gegebenenfalls ist mit verringertem Vorschub anzuschneiden.

Die Fräser sind oft zu schärfen.

Werkstoff	Brinell-Härte Festigkeit	Schnittgeschwindigk. v in m/min: Grundschlichten	Schräge schlichten	Aus dem Vollenschruppen	Maschinen-Gruppe A, Aufspannfläche d. Tisches bis 700×250, Antriebleistung 2,5 kW — Vorschübe in mm/min für eine Prismenhöhe h: bis 24	24 bis 34	Maschinen-Gruppe B, bis 1200×355, 5 kW: bis 24	24 bis 34	über 34	Maschinen-Gruppe C, bis 1600×400, 7,5 kW: bis 24	24 bis 34	über 34
VCN 25, VCMo 125, ECN 25, ECMo 100, St 70.11, Stg 52.81	220/75, 220/75, 220/75, /52	20			60	60	60	60	48	60	60	48
			20		48	48	48	48	38	48	48	38
				16	24	19	30	24	19	38	30	24
StC 45.61, St 60.11, St 50.11, Te 38.92	180/65, 170/60, 140/50, 150/38	22			95	95	95	95	75	95	95	75
			22		75	75	75	75	60	75	75	60
				18	38	30	48	38	30	60	48	38
Ge 18.91	170/18	20			118	118	118	118	95	118	118	95
			20		95	95	95	95	75	95	95	75
				16	48	38	60	48	38	75	60	48

Fräs 29. Richtwerte für Vorschübe und Schnittgeschwindigkeiten beim Fräsen von Stahl und Gußeisen mit SS-Winkelstirnfräsern
Schlichten, Schruppen

Zweckmäßige Kühlung. Zuschlagwerte für An- und Überlauf: Fräs 12, Fall II und III

Werkstoff	Brinell-Härte Festigkeit	Schnittgeschwindigkeit v in m/min	Maschinen-Gruppe A		B			C		
Aufspannfläche d. Tisches			bis 700×250		bis 1200×355			bis 1600×400		
Antriebleistung			2,5 kW		5 kW			7,5 kW		
			Vorschübe in mm/min für eine **Nutenbreite b**							
			bis 18	18 bis 34	bis 18	18 bis 34	über 34	bis 18	18 bis 34	über 34
VCN 25, VCMo 125 ECN 25, ECMo 100 St 70.11 Stg 52.81	220/75 220/75 220/75 /52	16	15	19	19	24	24	19	24	24
StC 45.61 St 60.11 St 50.11 Te 38.92	180/65 170/60 140/50 150/38	18	19	24	24	30	30	24	30	30
Ge 18.91	170/18	18	30	38	38	48	48	30	48	48

Fräs 30. Richtwerte für Vorschübe und Schnittgeschwindigkeiten beim Fräsen von Stahl und Gußeisen mit T-Nutenfräsern aus SS-Stahl

Zweckmäßige Kühlung, bei Gußbearbeitung Späne mit Preßluft entfernen.
Zuschlagwerte für An- und Überlauf: Fräs 12, Fall III

Werkstoff	Brinell-Härte Festigkeit	Schnittgeschw. v in m/min Schlichten	Schnittgeschw. v in m/min Schruppen	Schnitttiefe a in mm	Maschinen-Gruppe A, Aufspannfläche d. Tisches bis 700×250, Antriebleistung 2,5 kW	Maschinen-Gruppe B, bis 1200×355, 5 kW		Maschinen-Gruppe C, bis 1600×400, 7,5 kW		Fläche erzeugt durch:
					Vorschübe in mm/min für eine Fräsbreite b in mm: 10	25	45	65	80	
VCN 35 vergütet VCMo 140	290/100 290/100	17		0,5	75	75	60	60	60	schlichten
			13	3	38	38	30	38	30	schruppen
			13	5	–	24	24	30	24	schruppen
			13	8	–	–	15	19	15	schruppen
VCN 25 VCMo 125 ECN 25 ECMo 100 St 70.11 Stg 52.81	220/75 220/75 220/75 /52	19		0,5	118	118	95	75	60	schlichten
			15	3	60	60	48	60	48	schruppen
			15	5	–	38	38	48	38	schruppen
			15	8	–	–	24	30	24	schruppen
StC 45.61 St 60.11 St 50.11 Te 38.92	180/65 170/60 140/50 150/38	22		0,5	150	150	118	95	75	schlichten
			17	3	75	75	60	75	60	schruppen
			17	5	–	48	48	60	48	schruppen
			17	8	–	–	30	38	30	schruppen
Ge 18.91	170/18	19		0,5	150	150	118	95	75	schlichten
			15	3	95	95	75	95	75	schruppen
			15	5	60	60	60	75	60	schruppen
			15	8	–	38	38	48	38	schruppen

Fräs 31. Richtwerte für Vorschübe und Schnittgeschwindigkeiten beim Fräsen von Stahl und Gußeisen mit Schaftfräsern

Schlichten, Schruppen

Auf sichere Befestigung des Fräsers achten. Zweckmäßige Kühlung. Zuschlagwerte für An- und Überlauf: Fräs 12, Fall II und III

III. Nebenzeit

Beim Aufstellen der Tafeln für Nebenzeiten war es nicht möglich, alle vorkommenden Fälle, die von den verschiedenen Arbeits- und Betriebsverhältnissen beeinflußt werden, zu berücksichtigen. Die folgenden Tafeln sind daher lediglich als Beispiele für eine zweckmäßige und übersichtliche Gestaltung der Zeitermittlungsunterlagen zu werten. Die Zeiten dieser Tafeln sind Richtwerte und gelten nur unter den angegebenen Voraussetzungen; es wird immer notwendig sein, den jeweils vorliegenden Werkstücken und Fertigungsverhältnissen entsprechende Zeitwerte neu zu ermitteln und in Berechnungstafeln zusammenzustellen.

Die beim Fräsen auftretenden Nebenzeiten sind in folgende drei Gruppen gegliedert:

a) Spannen (einschl. Ausrichten),
b) Tisch verstellen,
c) Span anstellen und Messen.

a) Spannen

Das Werkstück soll zweckmäßig so gespannt werden, daß es möglichst nahe an die Ständergleitfläche gebracht werden kann, damit kurze Frädorne verwendet werden können. Spanneisen und Spannschrauben sind so zu setzen, daß der Hauptspanndruck auf das Werkstück und nicht auf die Unterlage des Spanneisens ausgeübt wird. Die Spanneisen sollen möglichst gleichmäßig über das Werkstück verteilt werden.

Als Beispiel für eine Entwicklungstafel (Fräs 32) wird das Spannen im Teilkopf bei Dornarbeit gezeigt. Die einzelnen Zeitwerte sind durch Zeitaufnahmen gewonnen. Als Bezugsgröße ist das Gewicht gewählt, da einfache Werkstücke vorausgesetzt sind. In solchen Fällen, in denen gleiche und ähnliche Werkstücke sich öfters wiederholen, wird man außer dem Gewicht auch noch andere Bezugsgrößen heranziehen, wie z. B. Abmessungen, Baumusterbezeichnungen oder sonstige besondere Merkmale.

Die Berechnungstafel (Fräs 33) gilt für Spannen und Ausrichten von einfachen Werkstücken. Zum Spannvorgang gehört das Auf- und Abspannen. Die Zeiten werden beeinflußt durch

1. die Art des Spannens,

   gebräuchliche Spannarten: Spannen auf Tisch, im Schraubstock, in Vorrichtung, am Winkel, im Teilkopf mit Futter, im Teilkopf mit Gegenspitze, im Teilkopf auf Dorn

2. die Art des Ausrichtens,

   je nach Güte der verlangten Arbeit: Ausrichten nach Augenmaß, nach Winkel oder Wasserwaage, nach Anriß

Ziffer	Unterteilung	Gewicht des Werkstückes einschl. Dorn bis 1 kg	bis 10 kg	bis 25 kg	bis 50 kg
		min	min	min	min
1	Werkstück aufnehmen, Bohrung reinigen u. entgraten	0,3	0,4	0,4	0,6
2	Gang zur Dornpresse	–	0,15	0,15	0,3
3	Dorn ölen, einführen u. einpressen	0,35	0,65	1,0	1,4
4	Gang zur Maschine	–	0,15	0,15	0,3
5	Mitnehmer ausspannen	0,08	0,1	0,1	0,15
6	Körner ölen, Werkstück zwischen Spitzen führen, Pinole ankurbeln u. Knebel anziehen	0,2	0,2	0,25	0,3
7	Knebel lösen, Pinole abkurbeln u. Werkstück herausnehmen	0,15	0,15	0,2	0,25
8	Mitnehmer abspannen	0,08	0,1	0,1	0,1
9	Gang zur Dornpresse	–	0,15	0,15	0,3
10	Dorn auspressen	0,08	0,3	0,65	0,85
11	Gang zur Maschine	–	0,15	0,15	0,3
12	Werkstück ablegen	0,06	0,1	0,1	0,15
	Zeit für 1 Spannvorgang	1,3	2,6	3,4	5

Fräs 32. Grundwerte für Spannen im Teilkopf auf Dorn nach Augenmaß (s. Fräs 33, Ziffer 20)

3. das Gewicht des Werkstückes,

Gewichtsabstufung: bis 1 kg, über 1 bis 10 kg, bis 25 kg, bis 50 kg und über 50 bis 100 kg. Sind Werkstücke anderer Größenordnung zu spannen, so müssen entsprechend andere Abstufungen gewählt werden. Für Werkstücke aus Leichtmetall beispielsweise gelten die hier aufgeführten Zeitwerte nicht.

Art des Spannens	Ziffer	Art des Ausrichtens	Spannen der Werkstücke (auf und ab) einschl. Säubern der Spannfläche				
			ohne Hilfe			mit Hilfe	mit Hebezeug
			Werkstückgewicht bis				
			1 kg a	10 kg b	25 kg c	50 kg d	50÷100 kg e
Auf Tisch mit 2 Spanneisen *	1	nach Augenmaß	1	1,2	2,4	4,3	9
	2	nach Winkel oder Waage	1,5	2,4	3,6	5,6	11
	3	nach Anriß	2	3	5	6,8	12
Für jedes weitere Spanneisen	4		0,4	0,6	0,8	1	1,4
Im Schraubstock	5	nach Augenmaß	0,8	1	1,3	2,6	–
	6	nach Winkel oder Waage	1	1,4	2	4,3	–
	7	nach Anriß	2	2,5	3,5	6	–
Für weiteres Spannen des Werkstückes mit Schraube außerhalb des Schraubstockes je Schraube mehr	8		1	1	1,3	1,6	2
In Vorrichtung **	9	nach Augenmaß	0,5	0,7	1	3,2	10,5
Am Winkel mit 2 Spanneisen *	10	nach Augenmaß	1,2	1,6	2	4,8	9,5
	11	nach Winkel oder Waage	2,2	2,7	3,6	5,8	11
	12	nach Anriß	2,8	3,4	5,6	7,2	12,5
Für jedes weitere Spanneisen	13		1	1,2	1,6	2	2,8
Im Teilkopf im Futter	14	nach Augenmaß	0,4	0,6	1	2,7	–
	15	nach Winkel oder Waage	0,8	1,2	1,8	3,6	–
	16	nach Anriß	1	1,4	2	4,4	–
Im Teilkopf mit Gegenspitze	17	nach Augenmaß	0,5	0,8	1,2	3	–
	18	nach Winkel oder Waage	1	1,4	2	3,8	–
	19	nach Anriß	1,2	1,8	2,3	4,6	–
Im Teilkopf auf Dorn	20	nach Augenmaß	1,3	2,6	3,4	5	–
	21	nach Winkel oder Waage	1,6	3,5	4	6	–
	22	nach Anriß	2	4	4,8	7,5	–

* Die Zeitwerte gelten für Werkstücke, bearbeitet oder unbearbeitet, die sich gut spannen lassen, andernfalls sind je nach Schwierigkeitsgrad entsprechende Zuschläge erforderl.
** Werte gelten nur für einfache Vorrichtungen, sonst ist die Zeit d. Zeitaufnahme zu ermitteln.

Fräs 33. Berechnungstafel für Spannzeiten

Werkstück	Spannbild	Erläuterung
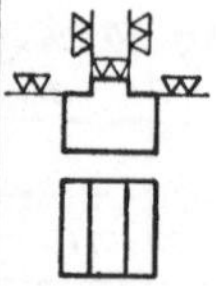 Beispiel 1	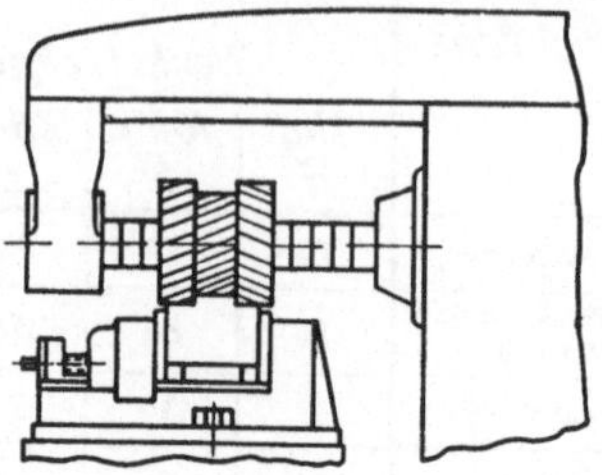	Bearb. auf Masch.-Gruppe: A Werkstückgewicht: 0,8 kg Art des Spannens: im Schraubstock, nach Augenmaß Nach Tafel: Fräs 33/5a Zeit: 0,8 min
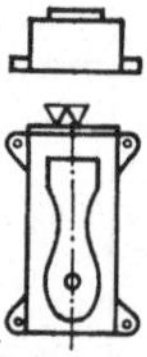 Beispiel 2	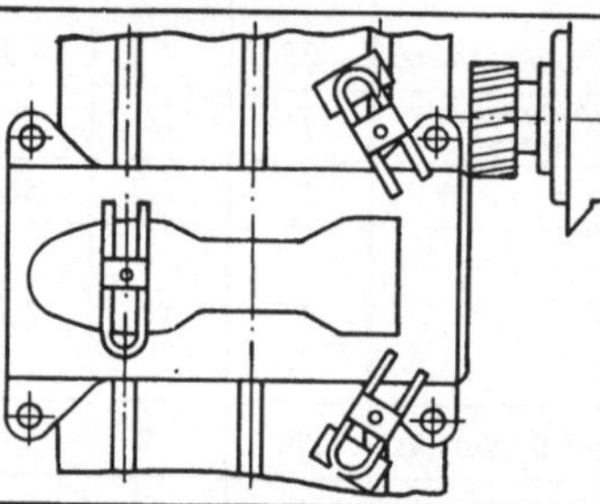	Bearb. auf Masch.-Gruppe: C Werkstückgewicht: 90 kg Art des Spannens: auf dem Tisch mit 3 Spanneisen, nach Anriß Nach Tafel: Fräs 33/3e, 4e Zeit: 13,4 min
 Beispiel 3	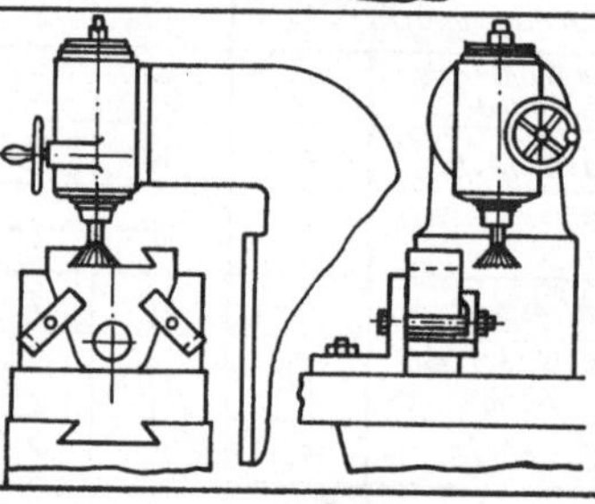	Bearb. auf Masch.-Gruppe: B Werkstückgewicht: 18 kg Art des Spannens: am Winkel mit 2 Spanneisen, nach Anriß Nach Tafel: Fräs 33/12c Zeit: 5,6 min
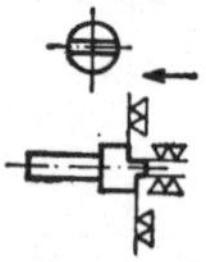 Beispiel 4	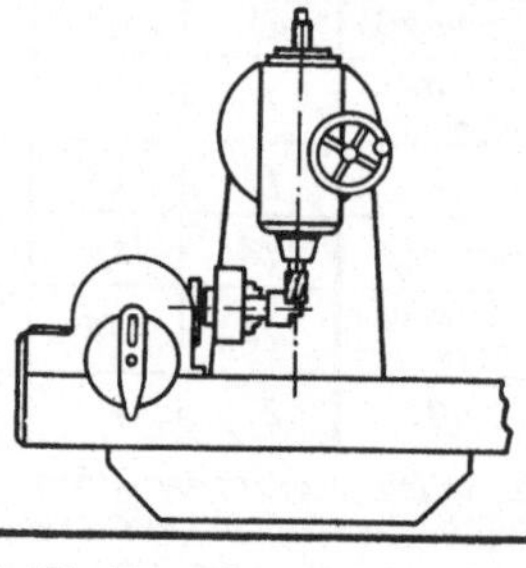	Bearb. auf Masch.-Gruppe: A Werkstückgewicht: 2 kg Art des Spannens: im Teilkopf, im Futter nach Augenmaß Nach Tafel: Fräs 33/14b Zeit: 0,6 min

Fräs 34. Beispiele für die Berechnung der Spannzeiten

Soll z. B. ein etwa 8 kg schweres Werkstück im Schraubstock gespannt und nach Augenmaß ausgerichtet werden, so beträgt nach Fräs 33 die hierfür erforderliche Zeit 1 min.

Andere Beispiele sind in Fräs 34 näher behandelt.

b) Tisch verstellen

Unter Tisch verstellen wird die Bewegung des Frästisches in Längs-, Quer- und senkrechter Richtung verstanden. Sie muß ausgeführt werden, um den Frästisch

1. nach dem Spannen des Werkstückes vorwärts bis zu der Stelle heranzufahren, von der aus das Spananstellen erfolgt, und
2. nach dem Fräsen rückwärts bis in die Stellung zu fahren, in der das Werkstück frei vom Werkzeug gefahrlos gespannt werden kann.

Der beim Rückwärtsfahren nach 2 zurückgelegte Weg ist in den meisten Fällen gleich der Länge der gefrästen Fläche zuzüglich dem An- und Überlaufweg des Fräsers (s. Tafel Fräs 11 und 12) und zuzüglich der Strecke, die für das Vorwärtsfahren des Tisches nach 1 erforderlich ist. Beim Fräsen mit Stirnfräsern lassen Form und Aufspannung des Werkstückes bisweilen ein Arbeiten in beiden Längsrichtungen des Tisches zu; ein Rückwärtsfahren erfolgt in diesem Falle nicht, so daß ein entsprechender Zeitwert in die Rechnung nicht eingesetzt zu werden braucht.

Das Verstellen des Frästisches kann erfolgen

1. durch Handbetätigung,
2. durch selbsttätigen Eilgang.

Die dafür erforderliche Zeit setzt sich jeweils zusammen aus einem Grundwert und einem veränderlichen Wert.

1. Grundwert: In der Entwicklungstafel Fräs 35 sind Griffe, die zur Einleitung und Beendigung jeder einzelnen Tischverstellung ausgeführt werden müssen, der Arbeitsfolge nach aufgeführt und durch Kreuze gekennzeichnet. Die Tafel läßt erkennen, daß für das Tischverstellen „quer“ und „senkrecht“ mehr Griffe erforderlich sind als für „längs“. Da die einzelnen Griffe nur kurze Zeiten erfordern, sind nur für die ganze Griffgruppe Werte eingetragen.
2. Veränderlicher Wert: Dieser kann praktisch der Länge der Tischverstellung verhältnisgleich gesetzt werden. Für das Verstellen durch selbsttätigen Eilgang ist eine mittlere Tischgeschwindigkeit zugrunde gelegt; bei Verstellen von Hand hängt die Geschwindigkeit von der Leistungsfähigkeit des Arbeiters ab. Durch Versuche sind die in Tafel Fräs 36 eingetragenen Mittelwerte festgestellt worden.

Ziffer	A) Von Hand Unterteilung	Tisch verstellen längs Masch.-Gruppen A	B	C	quer Masch.-Gruppen A	B	C	senkrecht Masch.-Gruppen A	B	C
1	Flächen von Spänen säubern, anteilig				+	+	+	+	+	+
2	Knebel oder Muttern a. Unterschlitten lösen				+	+	+	+	+	+
3	Gang zur Kurbel	+	+	+						
4	Kurbel aufsetzen (von Fall zu Fall)				+	+	+	+	+	+
5	Tisch verstellen (je nach Länge)									
6	Knebel oder Muttern a. Unterschlitten festziehen				+	+	+	+	+	+
7	Kurbel abnehmen u. weglegen (von Fall zu Fall)				+	+	+	+	+	+
8	Zurück zur Ausgangsstellung	+	+	+						
	Zeit für die Griffgruppe in min	0,11	0,13	0,15	0,2	0,22	0,25	0,22	0,25	0,3

Ziffer	B) Mittels selbsttätigen Eilganges Unterteilung	Tisch verstellen längs Masch.-Gruppen A	B	C	quer Masch.-Gruppen A	B	C	senkrecht Masch.-Gruppen A	B	C
1	Flächen von Spänen säubern, anteilig				+	+	+	+	+	+
2	Knebel oder Muttern a. Unterschlitten lösen				+	+	+	+	+	+
3	Eilgang einschalten	+	+	+	+	+	+	+	+	+
4	Tisch verstellen (je nach Länge)									
5	Eilgang ausschalten	+	+	+	+	+	+	+	+	+
6	Knebel oder Muttern a. Unterschlitten festziehen				+	+	+	+	+	+
	Zeit für die Griffgruppe in min	0,07	0,07	0,07	0,15	0,15	0,2	0,2	0,2	0,25

Fräs 35. Entwicklung von Grundwerten für Verstellen des Frästisches

Art der Bewegung	Art der Verstellung	Tischgeschwindigkeit in mm/min bei Maschinengruppe		
		A	B	C
Tisch längs Spindelsteigung 6 mm	von Hand	840	720	600
	mit Eilgang	2000	2000	2000
Tisch quer Spindelsteigung 6 mm	von Hand	630	540	450
	mit Eilgang	2000	2000	2000
Tisch senkrecht Spindelsteigung 4 mm	von Hand	320	280	250
	mit Eilgang	1000	1000	1000

Fräs 36. Mittlere Geschwindigkeiten beim Verstellen des Frästisches von Hand oder mittels Eilgang

In der Berechnungstafel Fräs 37 sind die für das Tischverstellen erforderlichen Zeiten in Abhängigkeit von der Länge der Tischverstellung graphisch aufgetragen.

Zur schnellen und gleichmäßigen Ablesung der Zeitwerte für das Tischverstellen ist die Zahlentafel Fräs 38 aus der Tafel Fräs 37 als Berechnungstafel entwickelt worden.

Beispielsweise werden für das Längsverstellen des Tisches einer Maschine der Gruppe C um 350 mm folgende Zeiten benötigt:

1. bei Handbetätigung = 0,7 min
2. bei selbsttätigem Eilgang = 0,25 min.

Ein Vergleich dieser beiden Zeiten läßt erkennen, welcher Zeitgewinn auf Maschinen mit Eilgang erzielt werden kann.

c) Span anstellen und Messen

In der Griffgruppe Span anstellen und Messen sind beim Fräsen alle Griffe zusammengefaßt, die notwendig sind zum

1. Anstellen des Tisches einschließlich Werkstück an das Fräswerkzeug,
2. Anschneiden und Messen des eingestellten Maßes (soweit notwendig).

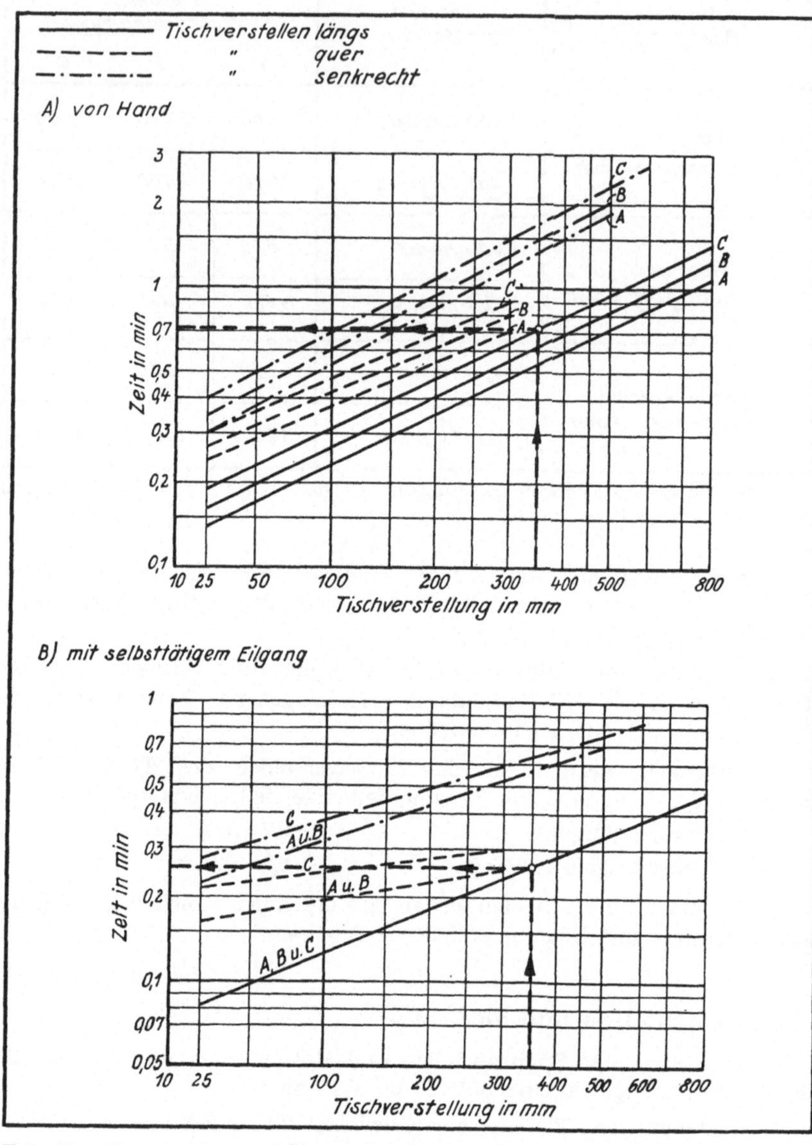

Fräs 37. Berechnungstafel (Schaubild) der Zeiten für Verstellen des Frästisches

Länge des Tischweges	Längs vorwärts, rückwärts				Quer vor zurück					Senkrecht aufwärts, abwärts				
	von Hand Masch.-Gruppen			Eilgang Masch.-Gr.	von Hand Masch.-Gruppen			Eilgang Masch.-Gruppen		von Hand Masch.-Gruppen			Eilgang Masch.-Gruppen	
mm	A	B	C	A...C	A	B	C	A,B	C	A	B	C	A,B	C
25	0,14	0,17	0,19	0,09	0,25	0,28	0,32	0,17	0,21	0,3	0,35	0,4	0,23	0,28
50	0,17	0,2	0,23	0,1	0,3	0,35	0,4	0,18	0,23	0,4	0,45	0,5	0,25	0,3
100	0,23	0,26	0,3	0,13	0,4	0,45	0,5	0,2	0,25	0,55	0,6	0,7	0,3	0,4
150	0,29	0,35	0,4	0,15	0,45	0,55	0,6	0,23	0,28	0,7	0,8	0,9	0,35	0,45
200	0,35	0,4	0,5	0,18	0,55	0,6	0,7	0,25	0,3	0,85	0,95	1,1	0,4	0,5
250	0,4	0,5	0,55	0,2	0,6	0,7	0,8	0,28	0,32	1,0	1,15	1,3	0,45	0,55
300	0,45	0,55	0,65	0,23	0,7	0,8	0,9	0,3	0,35	1,15	1,3	1,5	0,5	0,6
350	0,5	0,6	0,7	0,25						1,35	1,5	1,7	0,55	0,65
400	0,6	0,7	0,8	0,28						1,5	1,7	1,9	0,6	0,7
450	0,65	0,75	0,9	0,3						1,65	1,9	2,1	0,65	0,75
500	0,7	0,8	0,95	0,35						1,85	2,1	2,3	0,7	0,8
600	0,85	0,95	1,1	0,4								2,8		0,85
800	1,1	1,25	1,45	0,5										

Maschinengruppe A: Aufspannfläche 700×250 mm, Antriebleistung 2,5 kW
" B: " 1200×355 " , " 5,0 "
" C: " 1600×400 " , " 7,5 "

Fräs 38. Berechnungstafel (Zahlentafel) der Zeiten in min für Verstellen des Frästisches

Beim Span anstellen und Messen können folgende vier Griffgruppen unterschieden werden:

1. ohne Maß einstellen,
2. ein Maß einstellen nach Skala,
3. ein Maß einstellen nach Tiefen- oder Schublehre,
4. zwei Maße einstellen.

In Fräs 39 sind vier Arbeitsbeispiele bildlich dargestellt, die für jede dieser Griffgruppen besonders kennzeichnend sind. Gleichzeitig ist für jedes Beispiel der gesamte Arbeitsablauf vom Aufspannen bis zum Abspannen des Werkstückes angegeben, wobei die Griffgruppen, die zum Span anstellen und Messen gehören, durch schräge Schraffung gekennzeichnet sind.

Zu 1 ohne Maß einstellen.

Bei stufenweisem Arbeiten bleibt der einmal eingestellte Schnitt für die nacheinander zu bearbeitenden Werkstücke unverändert bestehen. Es werden bewertet:

Frässpindel einschalten,
Vorschub einschalten,
Vorschub und Frässpindel ausschalten.

Die Griffzeit für das eigentliche Span anstellen ist hierbei so kurz, daß sie mit der Zeit für Tisch verstellen (Tisch vorwärts) zusammenfällt.

Zu 2 ein Maß einstellen nach Skala.

Werden mehrere Schnitte verschiedener Einstellung am gleichen Werkstück und in einer Aufspannung mit dem gleichen Fräser ausgeführt, so wird das Maß nach Skala eingestellt. Es werden bewertet:

Frässpindel einschalten,
Span anstellen für Fläche „F_1“ nach Skala,
Vorschub einschalten,
Vorschub ausschalten,
Span anstellen für Fläche „F_2“ nach Skala,
Vorschub einschalten,
Vorschub und Frässpindel ausschalten.

Der Zeitwert für das Maß einstellen nach Skala muß für jeden Schnitt besonders berücksichtigt werden.

Zu 3 ein Maß einstellen nach Tiefenlehre oder Schublehre.

Wird der Schnitt von einer Bezugsfläche des Werkstückes aus jeweils neu eingestellt, so sind zu bewerten:

Frässpindel einschalten,
Werkstück anfräsen zum Messen, selbsttätig oder von Hand,
Frässpindel ausschalten,
Maß „x“ mit Tiefenlehre messen,
Frässpindel einschalten,
Span anstellen für Fläche „F_1, F_2“ nach Skala,
Vorschub einschalten,
Vorschub und Frässpindel ausschalten.

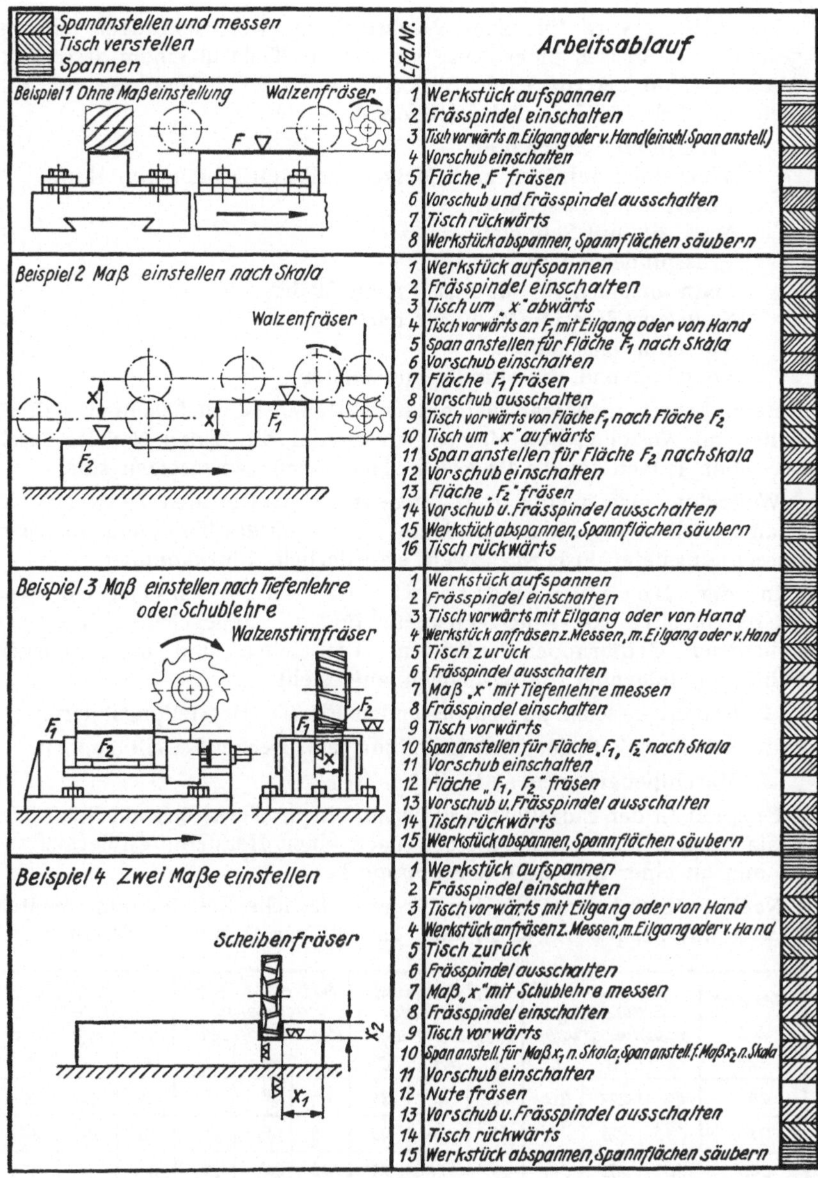

Fräs 39. Beispiele für Span anstellen und Messen im Zusammenhang mit dem Arbeitsablauf des Fräsvorganges

Zu 4 zwei Maße einstellen.

Der Schnitt wird für jedes Werkstück in zwei Richtungen neu eingestellt, z. B. Fräsen einer Nute auf genaue Tiefe in einem bestimmten Abstand (Maß x_1) von einer Bezugsfläche, wenn stufenweises Arbeiten nicht möglich ist. Es wird folgendes bewertet:

Frässpindel einschalten,
Werkstück anfräsen zum Messen, selbsttätig oder von Hand,
Frässpindel ausschalten,
Maß „x_1" mit Schublehre messen,
Frässpindel einschalten,
Span anstellen für Maß „x_1" nach Skala,
Span anstellen für Maß „x_2" nach Skala,
Vorschub einschalten,
Vorschub und Frässpindel ausschalten.

Beim Fräsen mehrerer gleichhoher Flächen ist zu beachten, daß die Zeiten für Anstellen und Messen nur einmal, die Zeiten für das Tischverstellen jedoch für jede einzelne Fläche einzusetzen sind.

Weiterhin wird noch darauf hingewiesen, daß zu den Zeitwerten für Span anstellen und Messen noch die Zeiten für das Tischverstellen nach Berechnungstafel Fräs 38, soweit erforderlich, hinzukommen.

In der Berechnungstafel für Span anstellen und Messen (Fräs 40) sind Zeitwerte für die angegebenen vier verschiedenen Griffgruppen enthalten. Die Zeiten sind unter Berücksichtigung folgender Bezugsgrößen aufgestellt:

1. Genauigkeit der zu bearbeitenden Fläche (Herstellungstoleranz),
2. Schwierigkeit der Maßeinstellung, entsprechend Griffgruppen,
3. Maschinengruppen A, B, C.

Beispiel: In der Einzelfertigung ist an einem Werkstück ein Span nach Skala anzustellen und zu messen nach einer Herstellungstoleranz von 0,1 mm an einer Maschine der Gruppe B.

Nach Fräs 40 beträgt die hierfür erforderliche Zeit 0,4 min. Weitere Anwendungsbeispiele sind in den Tafeln Fräs 41 bis 46 enthalten.

Toleranz bis mm	Ohne Maß-* Einstellung Maschinengruppe			Maß einstellen nach Skala Maschinengruppe			Maß einstellen nach Lehre Maschinengruppe			Zwei Maße einstellen Maschinengruppe		
	A	B	C	A	B	C	A	B	C	A	B	C
0,5	0,1	0,11	0,12	0,25	0,3	0,4	0,8	0,9	1	1,1	1,2	1,4
0,1	0,15	0,18	0,2	0,3	0,4	0,5	1,5	1,8	2	1,8	2,2	2,5
0,05	0,3	0,35	0,4	0,8	1,1	1,4	2,2	2,5	2,8	3	3,6	4,2

* Für jeden Schnitt neu

Fräs 40. Berechnungstafel der Zeiten in min für Span anstellen und Messen

IV. Beispiele für Arbeitszeitermittlung

a) Allgemeine Gesichtspunkte

Für die folgenden Beispiele sind die Gesichtspunkte und Forderungen noch einmal stichwortartig zusammengefaßt, die bei der Berechnung von Fräszeiten oder beim Aufstellen der Arbeitsunterweisungen berücksichtigt werden müssen, um bei den gegebenen Arbeitsbedingungen die Leistung der Maschine oder des Werkzeuges auszunutzen oder die verlangte Oberflächengüte zu erzielen. Es ist mithin zu beachten oder zu erwägen beim:

Fräsverfahren

Oberflächengüte und Arbeitsgenauigkeit,
Walzen oder Stirnen, Schruppen oder Schlichten,
Anzahl der Schnitte (je nach Bearbeitungszugabe),
richtige Schnitt- und Vorschubgeschwindigkeit,
Einzelbearbeitung oder gleichzeitige Bearbeitung mehrerer Stücke,
in einer Aufspannung oder mit Umspannen.

Fräsmaschine

Waagerecht- oder Senkrechtfräsmaschine,
Geschwindigkeitsbereiche (Frässpindel und Aufspanntisch),
Größe des Tisches und Leistung der Maschine im Hinblick auf Werkstück und abzuhebende Spanmenge,
erreichbare Arbeitsgenauigkeit.

Fräswerkzeug und dessen Einspannung

Neuzeitliche Hochleistungswerkzeuge benutzen,
vorhandene Fräserdurchmesser und -breiten berücksichtigen, kleinstmöglichen Durchmesser verwenden,
Walzenstirnfräser und Messerköpfe bevorzugen,
Zahnteilung dem Werkstoff entsprechend wählen,
starken Fräsdorn verwenden, mehrfach lagern und abstützen,
Werkzeuge möglichst dicht am Spindelkopf spannen.

Werkstück aufspannen

Spannart überlegen (auf Tisch, Schraubstock, Winkel, Teilkopf, Vorrichtung),
möglichst starr spannen,
Tisch möglichst in die Nähe der Ständergleitfläche bringen.

Tisch verstellen

Art des Verstellens: längs (vorwärts—rückwärts),
quer (vor—zurück),
senkrecht (aufwärts—abwärts),
von Hand oder mit Eilgang.

Span anstellen und Messen

Anzahl der Späne,

Schwierigkeiten der Messung und erforderliche Meßgenauigkeit, vorhandene Meßwerkzeuge (Lehren usw.).

Die Errechnung der Arbeitszeit für einen in seiner Durchführung bekannten Fräsvorgang soll so zweckmäßig wie möglich gestaltet werden, wie z. B. durch Zusammenfassen gleichartiger Rechnungen, Bilden von Griffgruppen u. ä. Dies gilt insbesondere für einfache, gut übersehbare Fräsarbeiten der Einzel- oder kleinen Reihenfertigung. In der großen Reihen- und der Massenfertigung, oder aber immer, wenn der Fräsvorgang unübersichtlich ist, wird man die Rechnung entsprechend der Unterteilung des Arbeitsablaufes vornehmen, um sicherzugehen, daß keine Arbeitsvorgänge übersehen werden.

b) Durchgerechnete Beispiele

In den folgenden Beispielen (Fräs 41 bis 46) ist für die Rechnung der besseren Übersicht halber ein besonderes Formblatt (ähnlich dem Vordruck AWF 432/433) verwendet.

1. Beispiel: Es sollen an fünf Parallelstücken aus StC 45.61 die Flächen F_1 bis F_4 vorgefräst (geschruppt) und fertiggefräst (geschlichtet) werden. Fräs 41.

Wegen der geringen Stückzahl wird die Arbeitszeitrechnung so einfach wie möglich gehalten. Es wird angenommen, daß die fünf Werkstücke nacheinander jeweils in der gleichen Aufspannung vor- und fertiggefräst werden.

Die Rüstgrundzeit wird aus der Berechnungstafel Fräs 8 unter Ziffer 2/*l* für die Spannart: Spannen im Schraubstock und Arbeiten mit Walzenfräser, mit Fräsdornlager und Gegenhalterstütze zu $t_{rg} = 28$ min abgelesen.

Für die Hauptzeit ist zunächst die Länge der Arbeitswege, und zwar getrennt für Vor- und Fertigfräsen, zu bestimmen. Es ist

	Vorfräsen (Schruppen)	Fertigfräsen (Schlichten)
Länge der Flächen F_1, F_2, F_3, F_4 nach Zeichnung	$150 \times 4 = 600$ mm	$150 \times 4 = 600$ mm
Zuschlag für An- und Überlauf des Werkzeugs nach Fräs 11	$20 \times 4 = 80$ mm	$12 \times 4 = 48$ mm
Gesamter Arbeitsweg	$L_v = 680$ mm	$L_f = 648$ mm

Skizze und Bemerkungen: ▽▽ ± 0,1	Gegenstand: Parallelstück	
	Teil- u. Zeichnungs-Nr. D 11725	
	Werkstoff: StC 45.61	Baumuster: DP 4
	Gewicht: ca. 7 kg	Stückzahl: 5
	Arbeitsgang Nr. Flächen $F_1 \div F_4$ vor- und fertig fräsen	
	Betriebsmittel: Waagerecht-Fräsmaschine Gruppe: B	
	Rüstzeit:	**Stückzeit für 1 Stück**
	t_{rg} 28 min t_{rv} 12 % 3,36 min	t_g 28,19 min t_{gv} 12 % 3,38 min
	t_r 31,36 min	t_{st} 31,57 min
Rohmaße: 70 × 100 × 150 mm	Vorgabe: t_r 32 min	t_{st} für 1 Masch. 32 min

Skizze: F_1, F_2, F_3, F_4, 60, 150, 90

Arbeitsunterteilung	Werkzeuge, Vorrichtungen u. s. w.	Spantiefe a, Schaltwege u. s. w. in mm	Berechnungstafel	Rechnung	Hauptzeit t_h in min	Nebenzeit t_n in min	Grundzeit t_g u. t_{rg} in min
Rüstgrundzeit			Fräs				
Spannen im Schraubstock Arbeiten mit Fräsdornlager und Gegenhalterstütze	Walzenfräser 75 ⌀		8/21				28
Grundzeit			Fräs				
Flächen $F_1 \div F_4$ vorfräsen $L = (150+20) \cdot 4$	Walzenfräser 75 ⌀	a = 4	16	$\frac{680}{118}$	5,75		
Flächen $F_1 \div F_4$ fertigfräs. $L = (150+12) \cdot 4$		a = 0,5	16	$\frac{648}{60}$	10,8		
Auf- und abspannen	Schraubstock		33/5b	4 · 1		4	
Tisch vorwärts, von Hand } vorfräsen		4 · 100	38	4 · 0,26		1,04	
Tisch rückwärts, von Hand } vorfräsen		4 · 170	38	4 · 0,4		1,6	
Tisch rückwärts, von Hand, fertigfräs.		4 · 262	38	4 · 0,55		2,2	
Span anstellen u. messen, vorfräsen		n. Skala	40	4 · 0,3		1,2	
Span anstellen u. messen, fertigfräsen		n. Skala	40	4 · 0,4		1,6	
					16,55	11,64	28,19

Fräs 41. Beispiel 1, Parallelstücke, Flächen F_1 bis F_4, fräsen

Die Vorschubgeschwindigkeit beträgt nach Fräs 16 für das Vorfräsen (Schruppen) bei einer Spantiefe a = 3 mm und einer Fräsbreite b = 90 mm

$$s' = 118 \text{ mm/min}$$

für das Fertigfräsen (Schlichten) bei einer Spantiefe a = 0,5 mm und einer Fräsbreite b = 90 mm

$$s' = 60 \text{ mm/min.}$$

Die Hauptzeit für das Vorfräsen und Fertigfräsen ist danach

$$t_h = \frac{680}{118} + \frac{648}{60}$$

$$t_h = 5{,}75 + 10{,}8 = 16{,}55 \text{ min}$$

Für die Bestimmung der Nebenzeit werden die sich wiederholenden, zusammengehörenden Griffe zu Griffgruppen zusammengefaßt und der entsprechende Zeitwert aus der in Frage kommenden Tafel in die Rechnung eingesetzt.

Griffgruppe	Bezugsgröße und Arbeitsweise	Berechnungstafel	Zeit für einen Vorgang
Spannen	Gewicht 7 kg, im Schraubstock, nach Augenmaß	Fräs 33/5 b	1 min
Tisch verstellen	längs, von Hand, Maschinengruppe B	Fräs 38	
	vorwärts 100 mm		0,26 min
	rückwärts 170 mm		0,4 min
	rückwärts 262 mm		0,55 min
Span anstellen und Messen	nach Skala, Maschinengruppe B	Fräs 40	
	Toleranz ± 0,5 mm		0,3 min
	Toleranz ± 0,1 mm		0,4 min

Die Durchführung des Rechnungsganges zur Ermittlung der Rüstzeit und Stückzeit ist aus Tafel Fräs 41 ohne weiteres zu erkennen.

2. *Beispiel:* Es sollen an 30 Gleitschienen aus St 60.11 die Flächen F_1 bis F_{12} fertiggefräst (geschlichtet) werden. Fräs 42.

Die Schienen sind bereits geschruppt und sollen nun im Arbeitsgang 2 mit einem zweiteiligen Satzfräser von 140 mm Durchmesser geschlichtet werden. Es werden immer zwei Schienen in einer Spannvorrichtung aufgespannt und die einzelnen Seiten der Schienen stufenweise nacheinander gefräst.

Der Aufbau der Zeitermittlung ist dem ersten Beispiel entsprechend durchgeführt. Auch hier sind gleichartige Arbeiten zur Vereinfachung der Rechnung zusammengefaßt. Die Bestimmung der Rüstzeit und Stückzeit ist aus Tafel Fräs 42 ohne weiteres ersichtlich.

3. *Beispiel:* Es soll in 16 Keilwellen aus VCMo 125 das Sternkeilprofil gefräst werden. Fräs 43.

Die in diese Keilwellen einzufräsenden sechs Keilnuten sind um 60 ° versetzt, die Wellen werden im Teilkopf mit Gegenspitze (Reitstock) gespannt und mit einem Profilfräser bearbeitet.

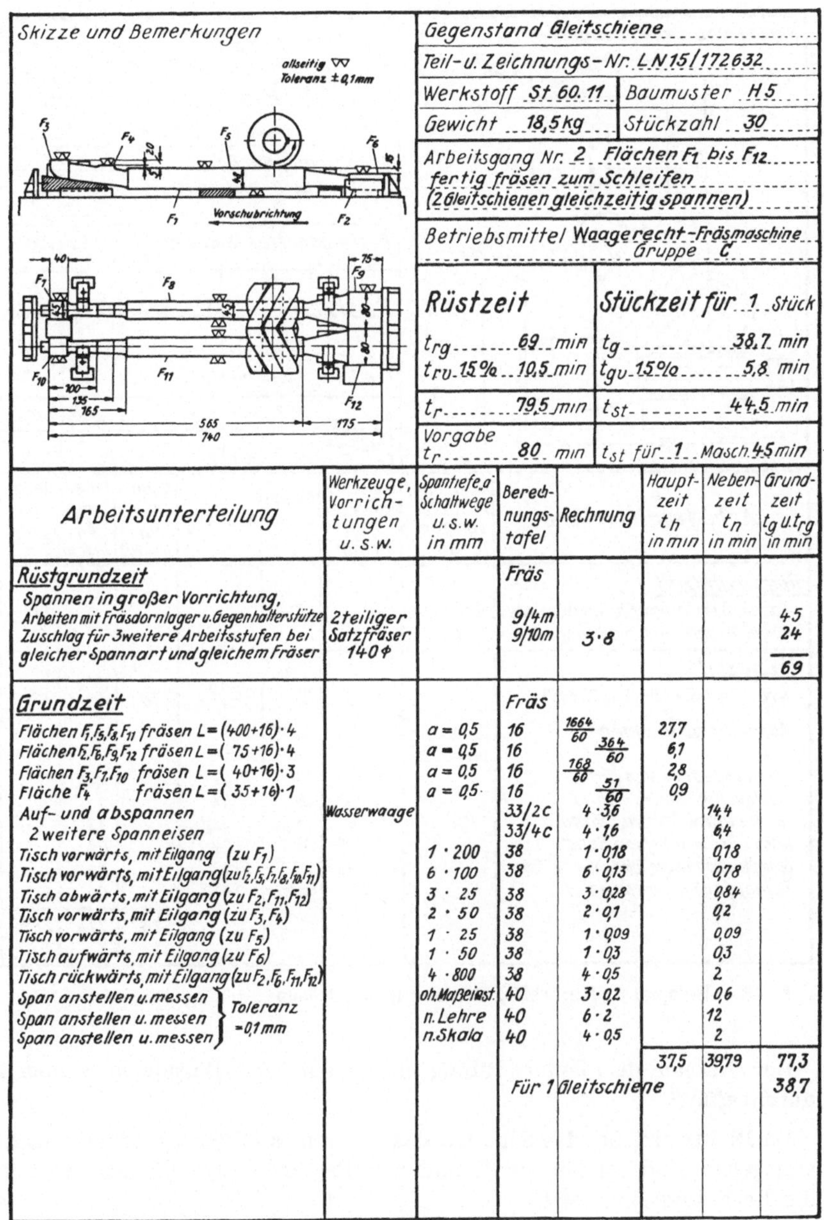

Skizze und Bemerkungen	
	Gegenstand Gleitschiene
	Teil- u. Zeichnungs-Nr. LN15/172632
	Werkstoff St 60.11 — Baumuster H5
	Gewicht 18,5 kg — Stückzahl 30
	Arbeitsgang Nr. 2 Flächen F_1 bis F_{12} fertig fräsen zum Schleifen (2 Gleitschienen gleichzeitig spannen)
	Betriebsmittel Waagerecht-Fräsmaschine Gruppe C

Rüstzeit	Stückzeit für 1 Stück
t_{rg} 69 min	t_g 38,7 min
t_{ru} 15% 10,5 min	t_{gu} 15% 5,8 min
t_r 79,5 min	t_{st} 44,5 min
Vorgabe t_r 80 min	t_{st} für 1 Masch. 45 min

Arbeitsunterteilung	Werkzeuge, Vorrichtungen u. s. w.	Spantiefe a Schaltwege u. s. w. in mm	Berechnungstafel	Rechnung	Hauptzeit t_h in min	Nebenzeit t_n in min	Grundzeit t_g u. t_{rg} in min
Rüstgrundzeit			Fräs				
Spannen in großer Vorrichtung, Arbeiten mit Fräsdornlager u. Gegenhalterstütze	2 teiliger Satzfräser 140 ⌀		9/4m				45
Zuschlag für 3 weitere Arbeitsstufen bei gleicher Spannart und gleichem Fräser			9/10m	3 · 8			24
							69
Grundzeit			Fräs				
Flächen F_1, F_5, F_8, F_{11} fräsen L = (400+16) · 4		a = 0,5	16	1664/60	27,7		
Flächen F_2, F_6, F_9, F_{12} fräsen L = (75+16) · 4		a = 0,5	16	364/60	6,1		
Flächen F_3, F_7, F_{10} fräsen L = (40+16) · 3		a = 0,5	16	168/60	2,8		
Fläche F_4 fräsen L = (35+16) · 1		a = 0,5	16	51/60	0,9		
Auf- und abspannen	Wasserwaage		33/2c	4 · 3,6		14,4	
2 weitere Spanneisen			33/4c	4 · 1,6		6,4	
Tisch vorwärts, mit Eilgang (zu F_1)		1 · 200	38	1 · 0,18		0,18	
Tisch vorwärts, mit Eilgang (zu $F_2, F_5, F_7, F_8, F_{10}, F_{11}$)		6 · 100	38	6 · 0,13		0,78	
Tisch abwärts, mit Eilgang (zu F_2, F_{11}, F_{12})		3 · 25	38	3 · 0,28		0,84	
Tisch vorwärts, mit Eilgang (zu F_3, F_4)		2 · 50	38	2 · 0,1		0,2	
Tisch vorwärts, mit Eilgang (zu F_5)		1 · 25	38	1 · 0,09		0,09	
Tisch aufwärts, mit Eilgang (zu F_6)		1 · 50	38	1 · 0,3		0,3	
Tisch rückwärts, mit Eilgang (zu F_2, F_6, F_{11}, F_{12})		4 · 800	38	4 · 0,5		2	
Span anstellen u. messen } Toleranz = 0,1 mm		oh. Maßeinst.	40	3 · 0,2		0,6	
Span anstellen u. messen		n. Lehre	40	6 · 2		12	
Span anstellen u. messen		n. Skala	40	4 · 0,5		2	
					37,5	39,79	77,3
			Für 1 Gleitschiene				38,7

Fräs 42. Beispiel 2, Gleitschiene fertigfräsen

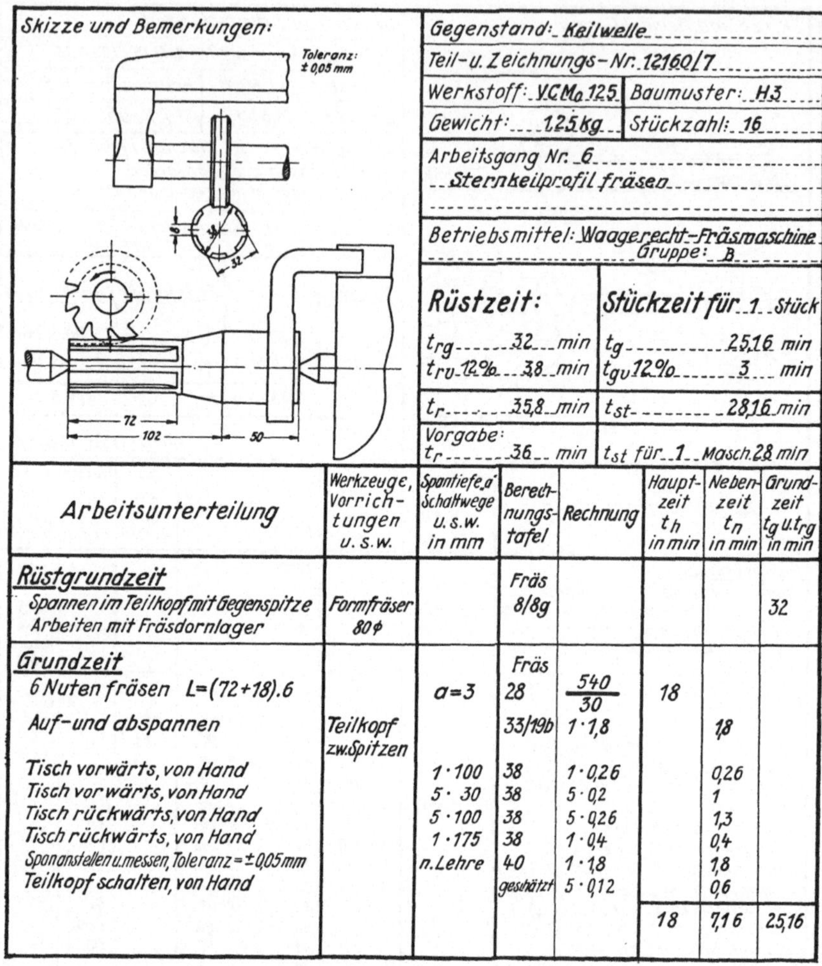

Skizze und Bemerkungen:

Gegenstand: Keilwelle

Teil- u. Zeichnungs-Nr. 12160/7

Werkstoff: VCMo 125 | Baumuster: H3

Gewicht: 1,25 kg | Stückzahl: 16

Arbeitsgang Nr. 6

Sternkeilprofil fräsen

Betriebsmittel: Waagerecht-Fräsmaschine
Gruppe: B

Rüstzeit:	Stückzeit für 1 Stück
t_{rg} 32 min	t_g 25,16 min
t_{rv} 12% 3,8 min	t_{gv} 12% 3 min
t_r 35,8 min	t_{st} 28,16 min
Vorgabe: t_r 36 min	t_{st} für 1 Masch. 28 min

Arbeitsunterteilung	Werkzeuge, Vorrichtungen u. s. w.	Spantiefe a' Schaltwege u. s. w. in mm	Berechnungstafel	Rechnung	Hauptzeit t_h in min	Nebenzeit t_n in min	Grundzeit t_g u. t_{rg} in min
Rüstgrundzeit							
Spannen im Teilkopf mit Gegenspitze Arbeiten mit Fräsdornlager	Formfräser 80 φ		Fräs 8/8g				32
Grundzeit							
6 Nuten fräsen L=(72+18).6		a=3	Fräs 28	$\frac{540}{30}$	18		
Auf- und abspannen	Teilkopf zw. Spitzen		33/19b	1·1,8		1,8	
Tisch vorwärts, von Hand		1·100	38	1·0,26		0,26	
Tisch vorwärts, von Hand		5·30	38	5·0,2		1	
Tisch rückwärts, von Hand		5·100	38	5·0,26		1,3	
Tisch rückwärts, von Hand		1·175	38	1·0,4		0,4	
Spananstellen u. messen, Toleranz = ±0,05 mm		n. Lehre	40	1·1,8		1,8	
Teilkopf schalten, von Hand			geschätzt	5·0,12		0,6	
					18	7,16	25,16

Fräs 43. Beispiel 3, Keilwelle, Sternkeilprofil fräsen

Der Aufbau der Zeitermittlung ist wie in den Beispielen 1 und 2 durchgeführt.

Da Richtwerte für das Schalten des Teilkopfes in den Unterlagen nicht angegeben sind, ist ein auf Grund von Erfahrung geschätzter Wert in die Rechnung eingesetzt.

Die Bestimmung der Rüstzeit und Stückzeit ist aus Tafel Fräs 43 ohne weiteres ersichtlich.

4. Beispiel: Es sollen an 100 Winkelstücken aus Ge 18.91 die Fläche F_1 gefräst (fertig geschruppt), die Flächen F_2, F_3, F_4, F_5 vorgefräst (geschruppt) und fertig gefräst (geschlichtet) werden. Fräs 44.

Die Winkelstücke werden in zwei Arbeitsstufen bearbeitet:

1. Arbeitsstufe, Spannen im Schraubstock, Fläche F_1 mit Walzenfräser fertigschruppen,

2. Arbeitsstufe, Spannen auf Tisch mit Spanneisen, Flächen F_2 bis F_5 mit Walzenstirnfräser in der gleichen Aufspannung schruppen und schlichten.

Der Aufbau der Zeitermittlung ist hier dem tatsächlichen Arbeitsablauf entsprechend vorgenommen. Lediglich das Auf- und Abspannen ist zusammengefaßt, da die Richtwerte der Tafel Fräs 33 ebenfalls für Auf- und Abspannen gelten. Die der Tafel entnommene Zeit wurde um 10 vH. erhöht eingesetzt, da von einer rohen Fläche aus gespannt wird. Die Errechnung der Arbeitszeit für jede einzelne Arbeitsstufe und Griffgruppe in der Reihenfolge des Arbeitsablaufes erfordert zwar mehr Zeit als bei den vorhergehenden Beispielen 1 bis 3, sie soll daher nur vorgenommen werden, wenn stichhaltige Gründe (z. B. große Stückzahlen, schwieriger Arbeitsablauf) dies als notwendig erscheinen lassen.

Alles übrige geht aus dem Aufbau der Rechnung in der Tafel Fräs 44 klar hervor.

5. Beispiel: Kurvenscheiben aus St 34.12 sollen mit Formfräser gefräst werden, und zwar

a) 8 Stück, Tafel Fräs 45,

b) 120 Stück, Tafel Fräs 46.

Dieses Beispiel soll zeigen, wie durch eine geringfügige Änderung des Arbeitsverfahrens die Leistung erheblich gesteigert werden kann.

Im Fall a sind nur kleine Stückzahlen zu fräsen. In der hierfür verwendeten Spannvorrichtung, Fräs 45, können nur zwei Werkstücke aufgenommen werden. Die fertig gebohrten und genuteten Kurvenscheiben werden zum Spannen auf einen Aufnahmedorn geschoben. Dieser Dorn mit den Kurvenscheiben wird in die erste Nute des Lagerwinkels, der auf dem Frästisch festgeschraubt ist, eingeführt, der zweite Lagerwinkel dagegen geschoben, festgespannt und die Druckschrauben angezogen. Nach dem Fräsen der ersten Seite werden die Druckschrauben und der eine Winkel gelöst, der Dorn mit den Kurvenscheiben herausgenommen, umgedreht, in die zweite Nute eingeführt und wie beschrieben wieder festgezogen. Nach dem Fräsen der zweiten Seite wird der Dorn mit den Kurvenscheiben ausgespannt und die Kurvenscheiben abgenommen. Die Stückzeit betrug hierbei nach Tafel Fräs 45: 4,6 min.

Skizze und Bemerkungen		
	Gegenstand Winkelstück	
	Teil- u. Zeichnungs-Nr. F 12324	
	Werkstoff Ge 18.91	Baumuster FH4
	Gewicht ca. 8 kg	Stückzahl 100
	Arbeitsgang Nr. 1 Fläche „F_1" fräsen und Flächen „F_2, F_3, F_4, F_5" vor- u. fertigfräsen	
	Betriebsmittel Waagerecht-Fräsmaschine Gruppe B	
	Rüstzeit	**Stückzeit für 1 Stück**
	t_{rg} 39 min	t_g 14,55 min
	t_{rv} 15 % 5,85 min	t_{gv} 15 % 2,18 min
	t_r 44,85 min	t_{st} 16,73 min
	Vorgabe t_r 45 min	t_{st} für 1 Masch. 16,8 min

Arbeitsunterteilung	Werkzeuge, Vorrichtungen u. s. w.	Spantiefe „a" Schaltwege u. s. w. in mm	Berechnungstafel	Rechnung	Hauptzeit t_h in min	Nebenzeit t_n in min	Grundzeit t_g u. t_{rg} in min
Rüstgrundzeit			Fräs				
Spannen im Schraubstock, arbeiten mit Fräsdornlager und mit Walzenfräser	Schraubstock Gr 2 Walzenfräser 75 ⌀		8/2g				26
Zuschlag für Spannen auf den Tisch			8/1p				4
Zuschlag für Arbeiten ohne Gegenhalter und mit Walzenstirnfräser	Walzenstirnfräser 75 ⌀		8/9a				9
							39
Grundzeit			Fräs				
1. Arbeitsstufe (Bild 1)							
Auf- und abspannen (+ 10 %)*	Schraubstock		33/5b			1,1	
Tisch vorwärts, mit Eilgang		100	38			0,13	
Span anstellen und messen		1 Maß anstell.	40			0,9	
Fläche „F_1" fräsen (fertig geschruppt)	Walzenfräser 75 ⌀	a = 4 mm	16	$\frac{334 + 20}{118}$	3		
Tisch rückwärts, mit Eilgang		445	38			0,3	
2. Arbeitsstufe (Bild 2)							
Auf- und abspannen	Auf den Tisch mit Leiste u. Spanneis.		33/1b			1,2	
Tisch vorwärts, mit Eilgang		100	38			0,13	
Span anstellen und messen		nach Skala	40			0,3	
Fläche „F_2" vorfräsen	Walzenstirnfräser 75 ⌀	a = 3 mm	17	$\frac{38 + 18}{190}$	0,3		
Tisch vorwärts, mit Eilgang		50	38			0,1	
Flächen „F_3 und F_4" vorfräsen		a = 3 mm		$\frac{60 + 41}{190}$	0,53		
Tisch vorwärts, mit Eilgang		70	38			0,13	
Fläche „F_5" vorfräsen		a = 3 mm		$\frac{38 + 18}{190}$	0,3		
Tisch rückwärts, mit Eilgang		350	38			0,25	
Span anstellen und messen		2 Maße anstell.	40			2,2	
Fläche „F_2" fertig fräsen		a = 0,5 mm	17	$\frac{38 + 12}{75}$	0,67		
Tisch vorwärts, mit Eilgang		50	38			0,1	
Flächen „F_3 und F_4" fertig fräsen		a = 0,5 mm		$\frac{60 + 78}{75}$	1,84		
Tisch vorwärts, mit Eilgang		40	38			0,1	
Fläche „F_5" fertig fräsen		a = 0,5 mm		$\frac{38 + 12}{75}$	0,67		
Tisch rückwärts, mit Eilgang		445	38			0,3	
* Zuschlag 10 % für Spannen auf unbearbeiteter Fläche					7,31	7,24	14,55

Fräs 44. Beispiel 4, Winkelstück vor- und fertigfräsen

Skizze und Bemerkungen:	
	Gegenstand Kurvenscheibe
	Teil- u. Zeichnungs-Nr. 100050/1
	Werkstoff St34.12 — Baumuster
	Gewicht 0,5 kg — Stückzahl 8
	Arbeitsgang Nr. 3 Flächen F_1 und F_2 fräsen
	Betriebsmittel Waagerecht-Fräsmaschine Gruppe B

Rüstzeit	Stückzeit für 1 Stück
t_{rg} 27 min	t_g 3,94 min
t_{rv} 15% 4,1 min	t_{gv} 15% 0,6 min
t_r 31,1 min	t_{st} 4,54 min
Vorgabe t_r 31 min	t_{st} für 1 Masch. 4,6 min

Arbeitsunterteilung	Werkzeuge, Vorrichtungen u. s. w.	Spantiefe a Schaltwege u. s. w. in mm	Berechnungstafel	Rechnung	Hauptzeit t_h in min	Nebenzeit t_n in min	Grundzeit t_g u. t_{rg} in min
Rüstgrundzeit							
Spannen in Vorrichtung (2 Stück)	V23433		Fräs 8/3g				
Arbeiten mit Fräsdornlager	Formfräser F497 120⌀						27
Grundzeit							
Flächen F_1 und F_2 fräsen $L=(31+24)\cdot 2$	Formfräser F497 120⌀	a=3	Fräs 28	$\frac{110}{30}$	3,66		
Auf- und abspannen (2 Stück)						1,9	
umspannen						1,5	
Tisch vorwärts, mit Eilgang		2 · 50	38	2 · 0,1		0,2	
Tisch rückwärts, mit Eilgang		2 · 100	38	2 · 0,13		0,26	
Span anstellen			40	2 · 0,18		0,36	
				2 Stück	3,66	4,22 =	7,88
				1 Stück		=	3,94

Fräs 45. Beispiel 5, Kurvenscheibe fräsen, Fall a 8 Stück

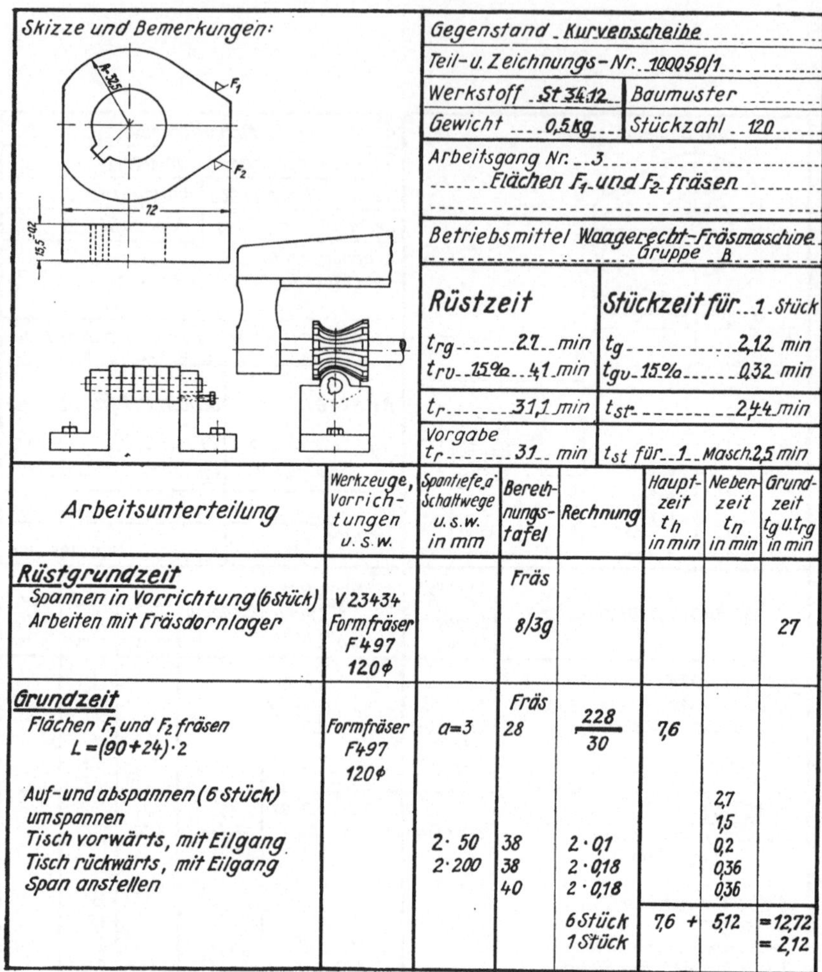

Skizze und Bemerkungen:

Gegenstand Kurvenscheibe	
Teil- u. Zeichnungs-Nr. 10005 0/1	
Werkstoff St 34.12	Baumuster
Gewicht 0,5 kg	Stückzahl 120
Arbeitsgang Nr. 3 Flächen F_1 und F_2 fräsen	
Betriebsmittel Waagerecht-Fräsmaschine Gruppe B	
Rüstzeit	**Stückzeit für 1 Stück**
t_{rg} 27 min	t_g 2,12 min
t_{rv} 15% 4,1 min	t_{gv} 15% 0,32 min
t_r 31,1 min	t_{st} 2,44 min
Vorgabe t_r 31 min	t_{st} für 1 Masch. 2,5 min

Arbeitsunterteilung	Werkzeuge, Vorrichtungen u. s. w.	Spantiefe u. Schaltwege u. s. w. in mm	Berechnungstafel	Rechnung	Hauptzeit t_h in min	Nebenzeit t_n in min	Grundzeit t_g u. t_{rg} in min
Rüstgrundzeit			Fräs				
Spannen in Vorrichtung (6 Stück)	V 23434						
Arbeiten mit Fräsdornlager	Formfräser F 497 120⌀		8/39				27
Grundzeit			Fräs				
Flächen F_1 und F_2 fräsen $L=(90+24)\cdot 2$	Formfräser F497 120⌀	a=3	28	$\frac{228}{30}$	7,6		
Auf- und abspannen (6 Stück)						2,7	
umspannen						1,5	
Tisch vorwärts, mit Eilgang		2·50	38	2·0,1		0,2	
Tisch rückwärts, mit Eilgang		2·200	38	2·0,18		0,36	
Span anstellen			40	2·0,18		0,36	
				6 Stück	7,6 +	5,12	= 12,72
				1 Stück			= 2,12

Fräs 46. Beispiel 5, Kurvenscheibe fräsen, Fall b 120 Stück

Im Fall b bei größerer Stückzahl genügt die Fräsvorrichtung den gestellten Anforderungen nicht. Deshalb wird der kurze Aufnahmedorn durch einen längeren ersetzt. Durch diese Änderung können sechs Kurvenscheiben gleichzeitig gespannt werden, wobei die Spannvorrichtung noch starr genug ist. Im übrigen bleibt der Spannvorgang der gleiche wie im Fall a. Durch diese kleine Änderung der Spannvorrichtung wird die Stückzeit von 4,6 min auf 2,5 min heruntergesetzt, gleichzeitig steigert sich die Leistung um 45 vH.

D. Arbeitszeitermittlung durch Vergleichen und Sonderberechnungstafeln

I. Vergleichen, Fräsen von Walzenfräsern

Die Vergleichsmethode wird angewendet, wenn es sich darum handelt, bei gleich geformten, aber in ihren Abmessungen verschiedenen Werkstücken durch Zwischenwertbildung die Fertigungszeiten zu ermitteln. Ausführlich ist diese Methode und die Entwicklung entsprechender Tafeln im „Zweiten Refa-Buch", Abschnitt D IV, beschrieben. Wie man im einzelnen vorgeht und sie anwendet, soll im folgenden an einem Beispiel gezeigt werden.

Es sollen die Grundzeiten für das Fräsen der Zähne in Hochleistungswalzenfräsern von 40 mm, 60 mm, 75 mm und 90 mm Durchmesser bei einer Zähnezahl $Z = 8$ ermittelt werden; es wird jeweils nur ein Stück angefertigt.

In den Tafeln Fräs 47 und Fräs 48 sind für Walzenfräser von $D = 40$ mm und $B = 20$ mm und 70 mm die Grundzeiten für das Fräsen der Zähne zu 34 min und 73 min errechnet worden.

Diese beiden Werte, und nach Möglichkeit noch einige weitere in gleicher Weise für mittlere Fräserbreiten errechnete, werden als Punkte in das Liniennetz eingetragen. Durch diese Punkte wird dann eine Gerade oder stetige Kurve gelegt, auf der dann die Grundzeiten für alle zwischen 20 mm und 70 mm breiten Fräser mit gleicher Zähnezahl und von gleichem Durchmesser liegen.

In der gleichen Weise werden die Grundzeiten für Fräser von 60 mm, 75 mm und 90 mm Durchmesser errechnet, als Punkte in das Liniennetz eingetragen und die Kurven eingezeichnet. Will man die Grundzeiten für schmalere oder breitere Fräser ablesen als die Kurven angeben, so ist es nicht angängig, letztere ohne weiteres über die eingezeichneten Eckwerte hinaus zu verlängern; es muß vielmehr ein weiterer Punkt in der oben beschriebenen Weise errechnet und eingetragen werden, erst danach kann die Kurve verlängert werden.

Aus der so entstandenen Kurventafel können in kürzester Zeit für alle Fräser der darin angegebenen Durchmesser und Breiten die Grundzeiten abgelesen werden, zu denen nur noch die jeweiligen Verlustzeitzuschläge hinzugerechnet werden müssen, um die Stückzeiten zu erhalten.

Skizze und Bemerkungen	
B, D, α	Gegenstand Walzenfräser, D = 40, B = 20
	Teil- u. Zeichnungs-Nr. 2800 W
	Werkstoff leg. Werkz. Stahl · Baumuster Fah.
	Gewicht · Stückzahl
	Arbeitsgang Nr. Zähne fräsen (1 Stück spannen)
	Betriebsmittel Univ. Fräsmaschine Gruppe B

Rüstzeit	Stückzeit für 1 Stück
t_{rg} 33 min	t_g 33,73 min
t_{rv} 12% 3,96 min	t_{gv} 12% 4,06 min
t_r 36,96 min	t_{st} 37,79 min
Vorgabe t_r 37 min	t_{st} für 1 Masch. 38 min

Arbeitsunterteilung	Werkzeuge, Vorrichtungen u. s. w.	Spantiefe „a" Schaltwege u. s. w. in mm	Rechnungstafel	Rechnung	Hauptzeit t_h in min	Nebenzeit t_n in min	Grundzeit t_g u. t_{rg} in min
Rüstgrundzeit							
Spannen im Teilkopf mit Gegenspitze			Fräs 8/8g				32
Arbeiten mit Fräsdornlager							
Zuschlag für 1 Spanndorn			6/IIc				1
							33
Grundzeit							
8 Nuten vorfräsen L=(28,3+19)·8	hinterdrehte Formfräser	a = 5	Fräs 27	$\frac{379}{38}$	9,97		
8 Nuten fertig fräsen L=(28,3+11)·8		a = 0,5	27	$\frac{315}{19}$	16,58		
Tisch vorwärts, mit Eilgang		1 · 80	38	1 · 0,13		0,13	
" " , " "		14 · 30	38	14 · 0,1		1,4	
Tisch rückwärts, mit Eilgang		7 · 78	38	7 · 0,13		0,91	
" " , " "		7 · 70	38	7 · 0,13		0,91	
" " , " "		1 · 128	38	1 · 0,15		0,15	
Span anstellen u. messen, Toleranz 0,5	nach Skala		40			0,3	
" " " " , " 0,1	" "		40			0,4	
Teilkopf schalten, von Hand				14 · 0,12		1,68	
Spannen	Drehdorn Teilkopf zw. Spitzen		33/20a			1,3	
					26,55	7,18	33,73

Fräs 47. Walzenfräser D = 40 mm, B = 20 mm Zähne fräsen

Skizze und Bemerkungen

B, D, α

Gegenstand Walzenfräser D=40, B=70	
Teil- u. Zeichnungs-Nr. 2800 W	
Werkstoff leg. Werkz. Stahl	Baumuster Fah.
Gewicht	Stückzahl
Arbeitsgang Nr. Zähne fräsen (1 Stück spannen)	
Betriebsmittel Univ. Fräsmaschine Gruppe B	

Rüstzeit	**Stückzeit für 1 Stück**
t_{rg} 33 min	t_g 72,97 min
t_{rv} 12% 3,96 min	t_{gv} 12% 8,76 min
t_r 36,96 min	t_{st} 81,73 min
Vorgabe t_r 37 min	t_{st} für 1 Masch. 82 min

Arbeitsunterteilung	Werkzeuge, Vorrichtungen u. s. w.	Spantiefe a Schaltwege u. s. w. in mm	Rechnungstafel	Rechnung	Hauptzeit t_h in min	Nebenzeit t_n in min	Grundzeit t_g u. t_{rg} in min
Rüstgrundzeit							
Spannen im Teilkopf mit Gegenspitze			Fräs 8/8g				32
Arbeiten mit Fräsdornlager							
Zuschlag für 1 Spanndorn			6/IIc				1
							33
Grundzeit							
8 Nuten vorfräsen L=(90+19)·8	hinterdrehte Formfräser	a=5	Fräs 27	872/38	22,95		
8 Nuten fertig fräsen L=(90+11)·8		a=0,5	27	808/19	42,53		
Tisch vorwärts, mit Eilgang		1 · 80	38	1 · 0,13		0,13	
" " " "		14 · 30	38	14 · 0,1		1,4	
Tisch rückwärts, mit Eilgang		7 · 139	38	7 · 0,15		1,05	
" " " "		7 · 131	38	7 · 0,15		1,05	
" " " "		1 · 189	38	1 · 0,18		0,18	
Span anstellen u. messen, Toleranz 0,5	nach Skala		40			0,3	
" " " " , " 0,1	" "		40			0,4	
Teilkopf schalten, von Hand				14 · 0,12		1,68	
Spannen	Drehdorn Teilkopf zw. Spitzen		33/20a			1,3	
					65,48	7,49	72,97

Fräs 48. Walzenfräser D = 40 mm, B = 70 mm Zähne fräsen

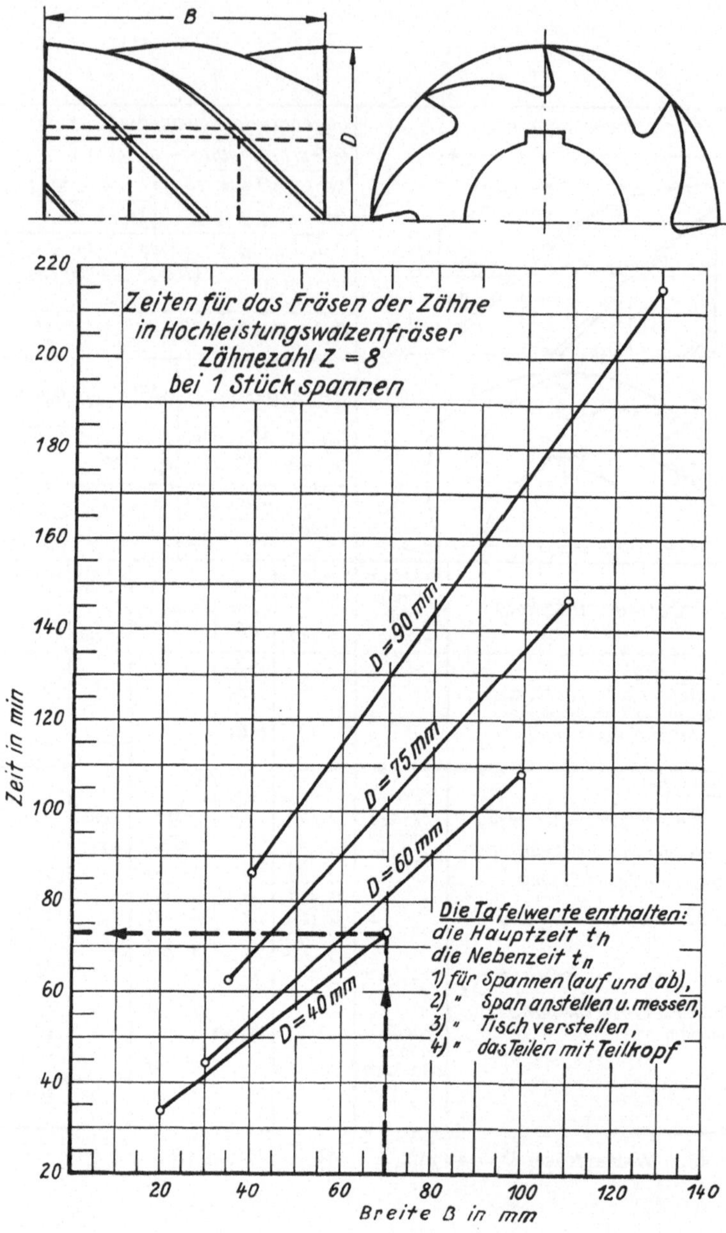

Fräs 49. Berechnungstafel für Zähnefräsen im Hochleistungswalzenfräser

In der Tafel Fräs 49 ist die Grundzeit zur Bildung der Kurvenwerte genommen worden, da die Größen, die die Einzelzeiten beeinflussen, sich verhältnismäßig gleichmäßig auswirken. Unterliegen jedoch die Einzelzeiten größeren Schwankungen, kann es notwendig werden, die einzelnen Zeitarten getrennt, d. h. als besondere Kurven für Hauptzeiten und Nebenzeiten aufzutragen.

II. Sonderberechnungstafeln, Fräsen von Keilnuten nach DIN 144

Wie weit in bestimmten Fällen die allgemeinen Berechnungstafeln vereinfacht oder durch Sonderberechnungstafeln ersetzt werden können, zeigen die folgenden Beispiele.

Es sollen Keilnuten mit Langlochfräsern (Zweischneidern) auf einer selbsttätig arbeitenden Langloch-Fräsmaschine bestimmter Bauart gefräst werden, bei der der Fräser während der hin- und hergehenden Bewegung an den Umkehrpunkten stufenweise zugestellt wird (s. Skizze auf Tafel Fräs 50. Nach Erreichen der eingestellten Frästiefe wird das Zustellen und der Vorschub unterbrochen und die Frässpindel zurückgezogen. Es werden Fräser aus Hochleistungsschnellstahl verwendet. Die Schnittgeschwindigkeit ist so bemessen, daß lange Standzeiten der Werkzeuge erreicht werden.

Auf der Entwicklungstafel Fräs 50 oben ist zunächst die Berechnung der Hauptzeit nach der Formel $t_h = \frac{(l - b) \cdot (h + 0{,}5)}{s' \cdot a}$ gezeigt.

Beispiel: In eine Welle aus St 60.11 soll eine Keilnute ($b = 12$ mm, $l = 50$ mm, $h = 5{,}5$ mm) gefräst werden, die Welle wiegt $\sim$ 2,5 kg.

Werden in die Formel $t_h = \frac{(l - b) \cdot (h + 0{,}5)}{s' \cdot a}$

die entsprechenden Werte eingesetzt, so wird

$$t_h = \frac{(50 - 12) \cdot (5{,}5 + 0{,}5)}{325 \cdot 0{,}15}$$

$$t_h = \frac{38 \cdot 6}{48{,}75} = 4{,}67 \text{ min}$$

für Spannen, Span anstellen t_n $= 1$ min

Grundzeit t_g $= 5{,}67$ min

gerundet $= 5{,}7$ min

Es wäre nun sehr zeitraubend, wenn man jedesmal in die oben angegebene Formel die entsprechenden Werte einsetzen und so die Hauptzeit berechnen würde.

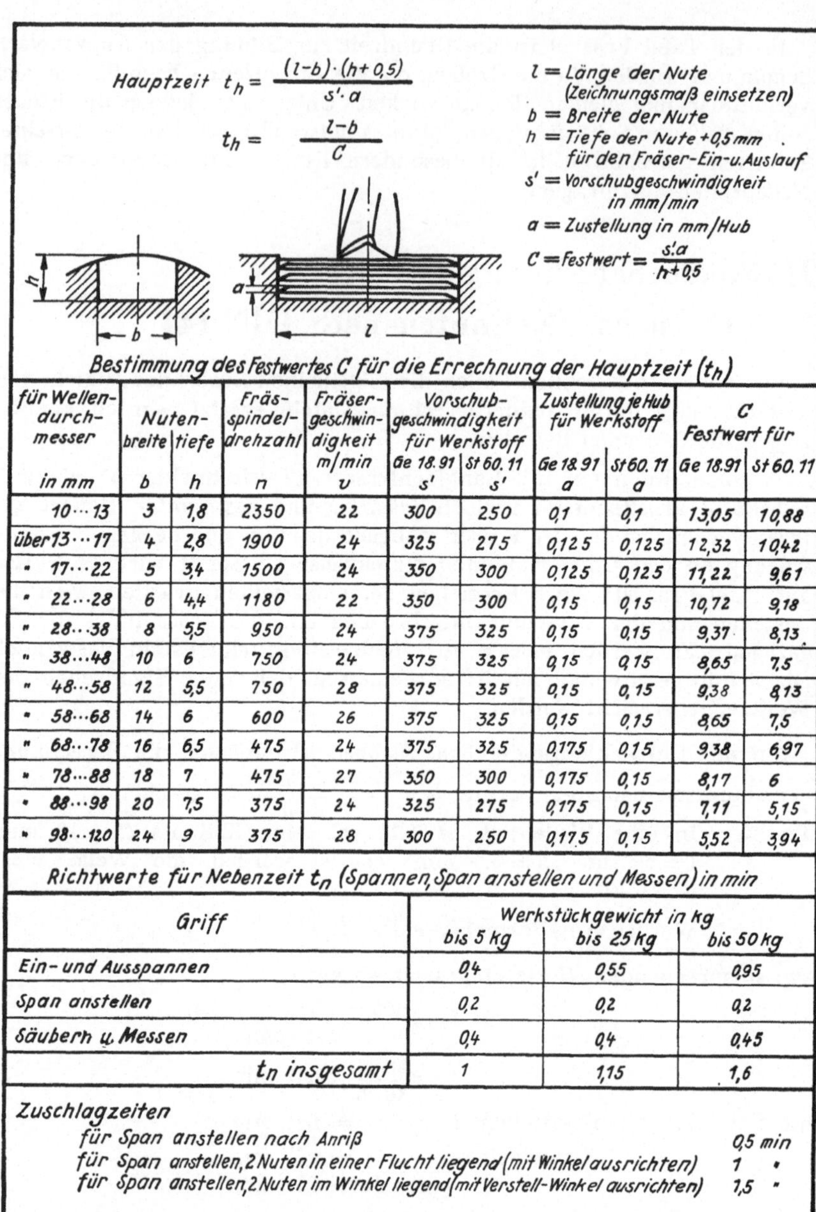

Hauptzeit $t_h = \frac{(l-b)\cdot(h+0{,}5)}{s'\cdot a}$

$t_h = \frac{l-b}{C}$

l = Länge der Nute (Zeichnungsmaß einsetzen)
b = Breite der Nute
h = Tiefe der Nute + 0,5 mm für den Fräser-Ein- u. Auslauf
s' = Vorschubgeschwindigkeit in mm/min
a = Zustellung in mm/Hub
C = Festwert = $\frac{s'\cdot a}{h+0{,}5}$

Bestimmung des Festwertes C für die Errechnung der Hauptzeit (t_h)

für Wellendurchmesser in mm	Nutenbreite b	Nutentiefe h	Frässpindeldrehzahl n	Fräsergeschwindigkeit m/min v	Vorschubgeschwindigkeit für Werkstoff Ge 18.91 s'	Vorschubgeschwindigkeit für Werkstoff St 60.11 s'	Zustellung je Hub für Werkstoff Ge 18.91 a	Zustellung je Hub für Werkstoff St 60.11 a	C Festwert für Ge 18.91	C Festwert für St 60.11
10···13	3	1,8	2350	22	300	250	0,1	0,1	13,05	10,88
über 13···17	4	2,8	1900	24	325	275	0,125	0,125	12,32	10,42
" 17···22	5	3,4	1500	24	350	300	0,125	0,125	11,22	9,61
" 22···28	6	4,4	1180	22	350	300	0,15	0,15	10,72	9,18
" 28···38	8	5,5	950	24	375	325	0,15	0,15	9,37	8,13
" 38···48	10	6	750	24	375	325	0,15	0,15	8,65	7,5
" 48···58	12	5,5	750	28	375	325	0,15	0,15	9,38	8,13
" 58···68	14	6	600	26	375	325	0,15	0,15	8,65	7,5
" 68···78	16	6,5	475	24	375	325	0,175	0,15	9,38	6,97
" 78···88	18	7	475	27	350	300	0,175	0,15	8,17	6
" 88···98	20	7,5	375	24	325	275	0,175	0,15	7,11	5,15
" 98···120	24	9	375	28	300	250	0,175	0,15	5,52	3,94

Richtwerte für Nebenzeit t_n (Spannen, Span anstellen und Messen) in min

Griff	Werkstückgewicht in kg bis 5 kg	bis 25 kg	bis 50 kg
Ein- und Ausspannen	0,4	0,55	0,95
Span anstellen	0,2	0,2	0,2
Säubern u. Messen	0,4	0,4	0,45
t_n insgesamt	1	1,15	1,6

Zuschlagzeiten

für Span anstellen nach Anriß — 0,5 min
für Span anstellen, 2 Nuten in einer Flucht liegend (mit Winkel ausrichten) — 1 "
für Span anstellen, 2 Nuten im Winkel liegend (mit Verstell-Winkel ausrichten) — 1,5 "

Fräs 50. Richtwerttafel für das Fräsen von Keilnuten nach DIN 144

Die Tafelwerte sind mit dem Festwert (Tafel Fräs 50) errechnet. Sie gelten für ein Werkstückgewicht bis zu 5 kg u. enthalten außer der Hauptzeit t_h die Nebenzeit t_n für Spannen, Span anstellen u. Messen in Höhe von 1 min												
Länge der Nute in mm	Zeitwerte in min											
	Breite der Nute (b) in mm											
	3	4	5	6	8	10	12	14	16	18	20	24
	Tiefe der Nute (h) in mm											
	1,8	2,8	3,4	4,4	5,5	6	5,5	6	6,5	7	7,5	9
8	1,5											
10	1,7	1,6	1,6									
12	1,9	1,8	1,8	1,7								
15	2,1	2,1	2,1	2	1,9							
18	2,4	2,4	2,4	2,3	2,2							
20	2,6	2,6	2,6	2,6	2,5	2,4						
22	2,8	2,8	2,8	2,8	2,8	2,6						
25	3	3	3,1	3,1	3,1	3	2,6					
28	3,3	3,3	3,4	3,4	3,5	3,4	3	2,9				
30	3,5	3,5	3,6	3,6	3,7	3,7	3,2	3,2	3			
35	4	4	4,1	4,2	4,3	4,4	3,8	3,8	3,8	3,8		
40	4,4	4,5	4,7	4,7	5	5	4,5	4,5	4,5	4,7	4,9	
45	4,9	5	5,2	5,3	5,6	5,7	5,1	5,2	5,2	5,5	5,9	
50	5,3	5,4	5,7	5,8	6,2	6,4	5,7	5,8	5,9	6,3	6,8	7,6
55		5,9	6,2	6,3	6,8	7	6,3	6,5	6,6	7,2	7,8	8,9
60		6,4	6,7	6,9	7,4	7,7	6,9	7,2	7,3	8	8,8	10,2
65		6,9	7,2	7,4	8	8,4	7,5	7,8	8	8,8	9,8	11,4
70		7,4	7,8	8	8,6	9	8,2	8,5	8,8	9,7	10,7	12,7
75		7,8	8,3	8,5	9,3	9,7	8,8	9,2	9,5	10,5	11,7	14
80		8,3	8,8	9,1	9,9	10,4	9,4	9,8	10,2	11,3	12,7	15,2
85			9,3	9,6	10,5	11	10	10,5	10,9	12,2	13,6	16,5
90			9,9	10,2	11	11,7	10,6	11,1	11,6	13	14,6	17,8
95			10,4	10,7	11,7	12,4	11,2	11,8	12,3	13,8	15,6	19
100			10,9	11,2	12,3	13	11,8	12,5	13,1	14,7	16,5	20,3
110				12,3	13,5	14,4	13,1	13,8	14,5	16,3	18,5	22,8
120				13,4	14,8	15,7	14,3	15,2	16	18	20,4	25,4
140				15,6	17,3	18,4	16,8	17,8	18,8	21,4	24,3	30,5
160				17,8	19,7	20	19,2	20,5	21,7	24,7	28,2	35,5
180					22,2	23,7	21,7	23,2	24,6	28	32,1	40,6
200					24,6	26,4	24,1	25,8	27,4	31,4	36	45,7

Zu den Tafelwerten sind hinzu zu rechnen:

für Werkstücke über 5 kg bis 25 kg .... 0,15 min
für Werkstücke über 25 kg .... 0,6 "
für Span anstellen nach Anriß .... 0,5 "
für Span anstellen, 2 Nuten in einer Flucht liegend (mit Winkel ausrichten) .... 1 "
für Span anstellen, 2 Nuten im Winkel liegend (mit Verstellwinkel ausrichten) .... 1,5 "

Rüstzeiten: (bei Verwendung eines Schnellspann-Schraubstockes)

1 Nute fräsen .... 10 min
2 gleiche Nuten fräsen .... 12 "
2 ungleiche Nuten fräsen .... 14 "

Fräs 51. **Berechnungstafel für Fräsgrundzeiten von Keilnuten nach DIN 144**

Eine wesentliche Vereinfachung des Rechnungsganges ist möglich, wenn in der Formel der Ausdruck $\frac{h + 0{,}5}{s' \cdot a} = \frac{1}{C}$ oder $\frac{s' \cdot a}{h + 0{,}5} = C$ als Festwert gesetzt wird.

Die Formel lautet dann: $t_h = \frac{l - b}{C}$.

In der Entwicklungstafel Fräs 50 sind für die verschiedenen Wellendurchmesser und für die Werkstoffe Ge 18.91 und St 60.11 die Festwerte C berechnet und die Richtwerte für die Nebenzeiten Spannen, Span anstellen und Messen, unterteilt nach dem Werkstückgewicht, sowie einige Zuschlagszeiten für Sonderfälle angegeben. Mit den Festwerten C sind dann die Hauptzeiten für das Fräsen von Nuten nach DIN 144 in Werkstücken aus St 60.11 ermittelt. Diese Zeitwerte zuzüglich eines Betrages von 1 min für Spannen, Span anstellen und Messen bei Werkstücken bis zu 5 kg Gewicht sind in die Berechnungstafel Fräs 51 eingetragen. Bei schweren Werkstücken und für Sonderarbeiten sind die auf dieser Tafel angegebenen Zuschlagszeiten zu den Tafelwerten hinzuzurechnen.

Den in obigem Beispiel errechneten Wert findet man auch in der Berechnungstafel Fräs 51 auf der Zeile „Länge der Nute 50 mm“ und in der Spalte „Breite der Nute 12 mm“ mit ebenfalls 5,7 min.

Triasdruck GmbH Berlin SW 68